単元 攻略
軌跡と領域の攻略

頻出パターン徹底網羅 30

河合塾
秦野 透 ——— 著
Hatano Toru

技術評論社

目　次

はじめに ……………………………… 4
本書の使い方 ………………………… 5
本書を学ぶにあたって
　　確認しておくべき事項 …………… 6

前編　頻出問題の解法の確認 … 17
例題 1 ～例題 7 問題 ………………… 18
- 例題 1　座標平面上における軌跡の
　　　　　求め方 ………………… 22
- 例題 2　パラメータで定まる点の軌跡 … 24
- 例題 3　動点に伴って動く点の軌跡 … 26
- 例題 4　範囲があるパラメータで定まる
　　　　　点の軌跡 ……………… 28
- 例題 5　連立不等式で表される領域 … 32
- 例題 6　領域を利用して式のとり得る
　　　　　値の範囲を求める ……… 34
- 例題 7　線分と直線が共有点をもつ条件
　　　　　 ……………………… 36

演習 1 ～演習 10 問題 ……………… 38
- 演習 1 ……………………………… 42
- 演習 2 ……………………………… 44
- 演習 3 ……………………………… 46
- 演習 4 ……………………………… 49
- 演習 5 ……………………………… 54
- 演習 6 ……………………………… 58
- 演習 7 ……………………………… 60
- 演習 8 ……………………………… 64
- 演習 9 ……………………………… 69
- 演習 10 …………………………… 71
- ◆　軌跡を求める際の式変形の注意点 … 76

後編　パラメータが存在するための
　　　　条件 ……………………… 79
例題 8 ～例題 10 問題 ……………… 80
- 例題 8　直線の通過領域 …………… 82
- 例題 9　2直線の交点の軌跡 ……… 90
- ◆　パラメータで定まる点の軌跡・領域
　　についての総括 ………………… 95
- 例題 10　関数の値域 ……………… 98

演習 11 ～演習 20 問題 …………… 102
- 演習 11 ………………………… 108
- 演習 12 ………………………… 110
- 演習 13 ………………………… 118
- 演習 14 ………………………… 124
- 演習 15 ………………………… 131
- 演習 16 ………………………… 138
- 演習 17 ………………………… 144
- 演習 18 ………………………… 146
- 演習 19 ………………………… 148
- 演習 20 ………………………… 156

著者プロフィール …………………… 159

はじめに

　本書は軌跡と領域に関する頻出事項を確認するための例題10題と，演習20題を中心に構成されています．

・**例題**について
　軌跡と領域の頻出事項は抽象的なものが多く，確実に理解するのは容易ではありません．
　そこで，本書では順序立てて頻出事項を学べるように，テーマごとに一つの例題を設け，さらに，その例題を題材にして頻出事項を説明することで，読者の皆さんに各テーマにおける頻出事項と重要事項を理解してもらえるように工夫しました．
　また，各テーマをある程度まとめて理解してもらうべく，前編と後編という区分けをしました．前編，後編ともに，最初に学ぶ内容を示しています．

・**演習**について
　前編，後編ともに，例題をすべて学んだあとに取り組んでほしい問題を計20題掲載しました．

2015年9月

秦野 透

本書の使い方～例題と演習の構成について～

ポイント　例題，および，演習の問題を解く際の着眼点が記されています．

▶解答◀　例題や演習の解答をまとめた欄です．

(参考)　例題および演習に関して，▶解答◀を確認した後に読んでほしい事柄が記されています．問題を通じて新たな発見があるのも数学の醍醐味の一つですので，ぜひ目を通してください．

◆　少し発展的な内容をコラムのようにまとめたものです．余裕があれば読んでみてください．

本書を学ぶにあたって確認しておくべき事柄
~本書を学ぶうえで前提となる事柄をまとめています~

● 座標平面上における2点間の距離

xy 平面上において，2点 $A(x_1, y_1)$，$B(x_2, y_2)$ があるとき，
$$AB = \sqrt{(x_2 - x_1)^2 + (y_2 - y_1)^2}.$$

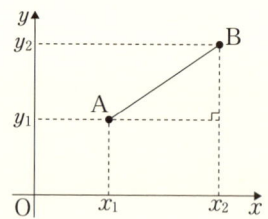

● 内分点

m, n をともに正の数とする．xy 平面上において，異なる2点 $A(x_1, y_1)$，$B(x_2, y_2)$ があるとき，**線分 AB を $m:n$ に内分する点の座標**は，
$$\left(\frac{nx_1 + mx_2}{m+n}, \frac{ny_1 + my_2}{m+n} \right)$$

であり，特に，**線分 AB の中点の座標**は，
$$\left(\frac{x_1 + x_2}{2}, \frac{y_1 + y_2}{2} \right).$$

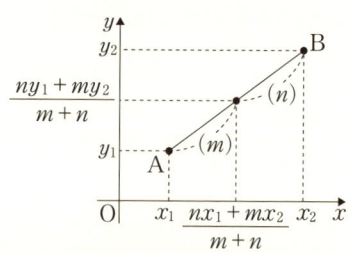

また，xy 平面上において，3点 $A(x_1, y_1)$，$B(x_2, y_2)$，$C(x_3, y_3)$ が三角形をなすとき，**三角形 ABC の重心の座標**は，
$$\left(\frac{x_1 + x_2 + x_3}{3}, \frac{y_1 + y_2 + y_3}{3} \right).$$

● **直線の方程式**

xy 平面上において，2点 $A(x_1, y_1)$，$B(x_2, y_2)$ があり，$x_1 \neq x_2$ であるとき，
$$\frac{y_2 - y_1}{x_2 - x_1}$$
を直線 AB の傾きという．

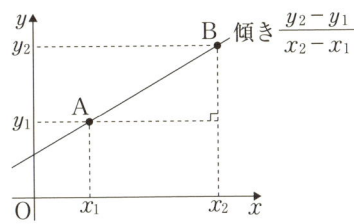

xy 平面上において，点 (x_0, y_0) を通り，傾きが m である直線の方程式は，
$$y - y_0 = m(x - x_0)$$
である．また，xy 平面上において，直線と y 軸の共有点の y 座標をその直線の y 切片という．

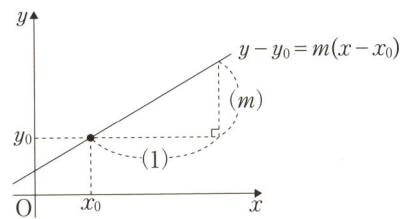

なお，xy 平面上において，x 軸と垂直な直線に対して，傾きは定義されず，点 (x_0, y_0) を通り，x 軸と垂直な直線の方程式は，
$$x = x_0$$
となる．

● **2直線の平行・垂直**

傾きが m_1 である直線 l_1 と傾きが m_2 である直線 l_2 に対して，
$$l_1 // l_2 \quad \text{とは} \quad m_1 = m_2 \quad \text{となること}$$
であり，
$$l_1 \perp l_2 \quad \text{とは} \quad m_1 m_2 = -1 \quad \text{となること}$$
である．

● 絶対値

数直線上において，座標が x である点と原点の距離を「x の絶対値」といい，$|x|$ と表す．
$$|x| = \begin{cases} x & (x \geq 0 \text{ のとき}), \\ -x & (x < 0 \text{ のとき}) \end{cases}$$
である．

また，a を正の定数とするとき，**実数 x についての方程式 $|x| = a$ を解くと**，
$$x = \pm a.$$

さらに，実数 k に対して，
$$\sqrt{k^2} = |k|.$$

● 点と直線の距離

a, b, c を実数の定数とし，a と b はともに 0 になることはないとする．xy 平面上において，点 $P(x_0, y_0)$ と直線 $l : ax + by + c = 0$ があり，点 P から l に下ろした垂線と x 軸の交点を H とする．

線分 PH の長さを「点 P と直線 l の距離」といい，$d = \text{PH}$ とすると，
$$d = \frac{|ax_0 + by_0 + c|}{\sqrt{a^2 + b^2}}.$$

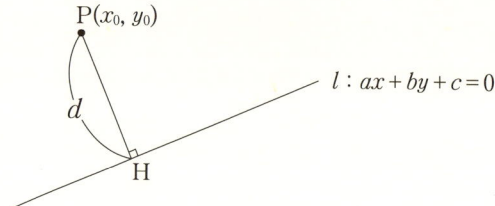

● 円の方程式

r を正の定数とする．xy 平面上において，**点 (x_0, y_0) を中心とする半径 r の円の方程式は**，
$$(x - x_0)^2 + (y - y_0)^2 = r^2.$$

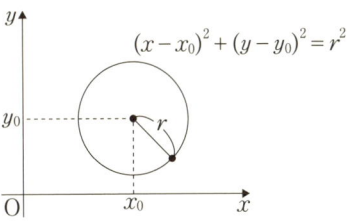

また，a, b, c を実数の定数とするとき，
$$x^2+y^2+ax+by+c=0 \quad \cdots(*)$$
を整理すると，
$$\left(x+\frac{a}{2}\right)^2+\left(y+\frac{b}{2}\right)^2=\frac{a^2}{4}+\frac{b^2}{4}-c$$
となるので，xy 平面上において，$(*)$ が表す図形は，

$\dfrac{a^2}{4}+\dfrac{b^2}{4}-c<0$ のとき，存在しない，

$\dfrac{a^2}{4}+\dfrac{b^2}{4}-c=0$ のとき，点 $\left(-\dfrac{a}{2}, -\dfrac{b}{2}\right)$,

$\dfrac{a^2}{4}+\dfrac{b^2}{4}-c>0$ のとき，

　　点 $\left(-\dfrac{a}{2}, -\dfrac{b}{2}\right)$ を中心とする半径 $\sqrt{\dfrac{a^2}{4}+\dfrac{b^2}{4}-c}$ の円.

● **円と直線の共有点の個数**

円 C と直線 l において，C の中心と l の距離を d，C の半径を r とする.

　　　　$d>r$ のとき，C と l は共有点をもたない，

　　　　$d=r$ のとき，C と l は 1 点で接する，

　　　　$d<r$ のとき，C と l は異なる 2 点で交わる.

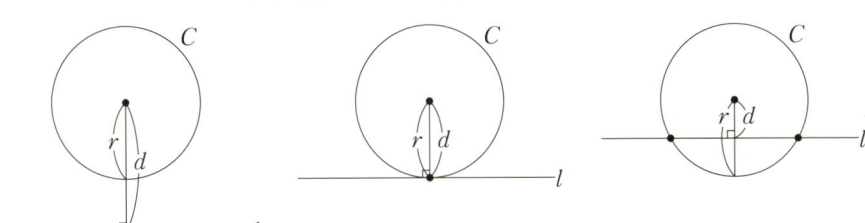

● 軌跡

ある平面上において，ある条件を満たす点の集合が描く曲線，および，直線を，その条件を満たす点の軌跡という．

● 不等式が表す領域

xy 平面上において，x と y についてのある不等式を満たす点 (x, y) の集合を，その不等式が表す領域という．

(1) xy 平面上において，関数 $y=f(x)$ のグラフがあるとき，

$y>f(x)$ が表す領域は $y=f(x)$ のグラフの上側，
$y<f(x)$ が表す領域は $y=f(x)$ のグラフの下側

であり，それぞれの領域に対して，$y=f(x)$ のグラフを境界という．

【解説】

k を実数の定数とする．$y=f(x)$ のグラフにおいて，x 座標が k である点を A とする．

直線 $x=k$ 上において，

点 A より上側にある点 (k, y) は $y>f(k)$ を満たし，
点 A より下側にある点 (k, y) は $y<f(k)$ を満たす．

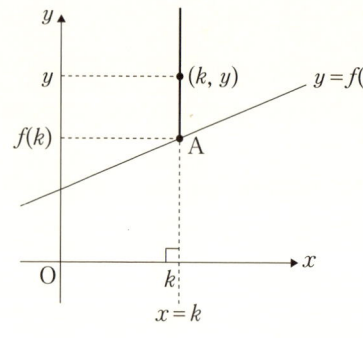 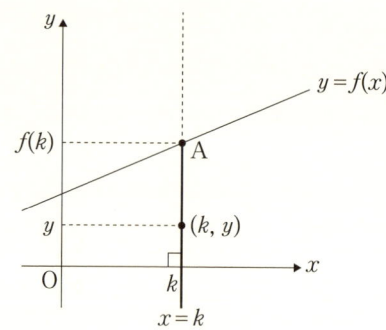

次に，k をすべての実数値をとるように変化させる．

このことにより，$y>f(x)$ が表す領域は次の(図1)の縦線部分で，境界を含まないことがわかり，さらに，$y<f(x)$ が表す領域は次の(図2)の縦線部分で，境界を含まないことがわかる．

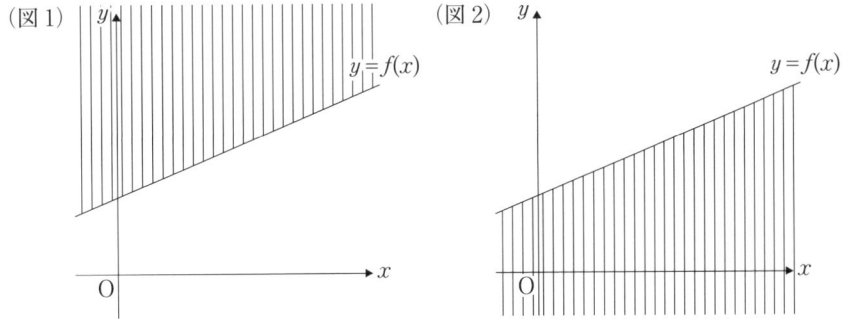

【解説おわり】

(2) a を実数の定数とする．xy 平面上において，直線 $x=a$ があるとき，

$x<a$ が表す領域は直線 $x=a$ の左側，

$x>a$ が表す領域は直線 $x=a$ の右側

であり，それぞれの領域に対して，直線 $x=a$ を境界という．

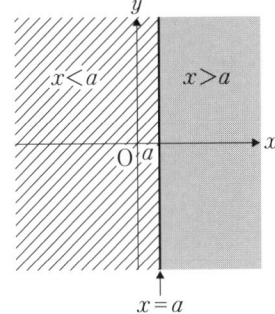

(3) a, b を実数の定数とし，r を正の定数とする．xy 平面上において，円 $C : (x-a)^2+(y-b)^2=r^2$ があるとき，

$(x-a)^2+(y-b)^2<r^2$ が表す領域は C の内部，

$(x-a)^2+(y-b)^2>r^2$ が表す領域は C の外部

であり，それぞれの領域に対して，C を境界という．

【解説】

C の中心を A とすると，点 A の座標は (a, b) である．xy 平面上の点 P(x, y) に対して，

点 P が C の内部にあるとき，AP$<r$ が成り立ち，

点 P が C の外部にあるとき，AP$>r$ が成り立つ．

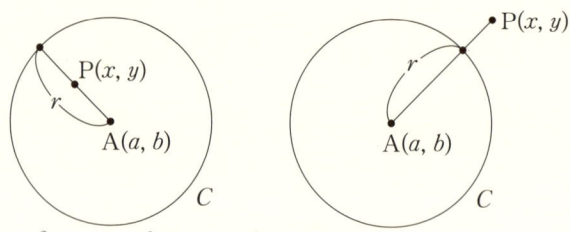

ここで，$AP^2 = (x-a)^2 + (y-b)^2$ であるから，

$AP < r$，すなわち，$AP^2 < r^2$ から，$(x-a)^2 + (y-b)^2 < r^2$，

$AP > r$，すなわち，$AP^2 > r^2$ から，$(x-a)^2 + (y-b)^2 > r^2$

が得られる．

以上のことを踏まえると，

$(x-a)^2 + (y-b)^2 < r^2$ が表す領域は C の内部，

$(x-a)^2 + (y-b)^2 > r^2$ が表す領域は C の外部

であることがわかる．　　　　　　　　　　　　　　　【解説おわり】

● 共通部分と和集合

2つの集合 A，B に対して，A，B の両方に属する要素の集合を

$$A と B の共通部分$$

といい，A，B の少なくとも一方に属する要素の集合を

$$A と B の和集合$$

という．

● 2次関数

a，b，c，p，q，k を実数の定数とし，$a \neq 0$ とする．

xy 平面上において，関数

$$y = a(x-p)^2 + q \quad \cdots ①$$

のグラフは，

頂点の座標が (p, q)，

軸の方程式が $x = p$

である放物線で，

$a > 0$ のとき，下に凸，

$$a<0 \text{ のとき，上に凸}$$

となる．

また，2次関数
$$f(x) = ax^2 + bx + c \quad \cdots ②$$
に対して，②の右辺を①の右辺の形になるように変形することを②の右辺を平方完成するといい，②の右辺を平方完成することで，xy 平面上において，$y = f(x)$ のグラフを描くことができる．

なお，$f(x)$ は「x についての関数」を表す記号で，$x = k$ のときの $f(x)$ の値を $f(k)$ と表す．

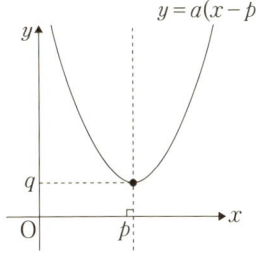
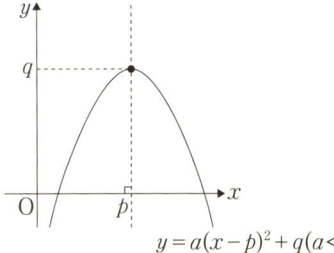

● 2次方程式

a, b, c を実数の定数とし，$a \neq 0$ とする．x についての2次方程式
$$ax^2 + bx + c = 0$$
の解は
$$x = \frac{-b \pm \sqrt{b^2 - 4ac}}{2a}.$$

また，$D = b^2 - 4ac$ とおくと，x についての2次方程式 $ax^2 + bx + c = 0$ は，

$D > 0$ のとき，異なる2つの実数解をもつ，

$D = 0$ のとき，ただ1つの実数解をもつ，

$D < 0$ のとき，実数解をもたない．

なお，D を x についての2次方程式 $ax^2 + bx + c = 0$ の判別式といい，$D = 0$ のときの x についての2次方程式 $ax^2 + bx + c = 0$ の解を重解という． **…(注)**

さらに，x についての2次方程式 $ax^2 + bx + c = 0$ の実数解は，xy 平面上において，放物線 $y = ax^2 + bx + c$ と x 軸の共有点の x 座標である．

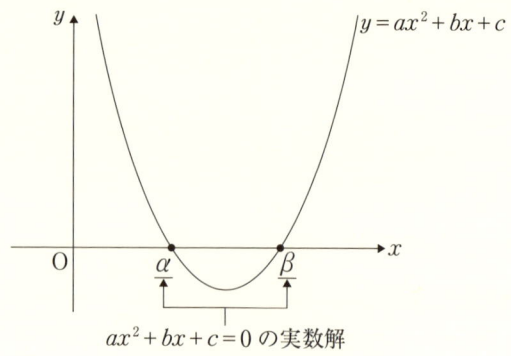

(注) a, b', c を実数の定数とし, $a \neq 0$ とする. x についての2次方程式
$$ax^2 + 2b'x + c = 0$$
の判別式を D とすると,
$$\frac{D}{4} = b'^2 - ac$$
となる.

● 2次不等式

a, b, c を実数の定数とし, $a \neq 0$ とする.

$f(x) = ax^2 + bx + c$ とおくと, x についての2次不等式
$$f(x) > 0$$
の解は, xy 平面上において, $y = f(x)$ のグラフの $y > 0$ を満たす部分の x 座標すべてであり, また, x についての2次不等式
$$f(x) < 0$$
の解は, xy 平面上において, $y = f(x)$ のグラフの $y < 0$ を満たす部分の x 座標すべてである.

● 2次方程式の解と係数の関係

a, b, c を定数とし, $a \neq 0$ とする. x についての2次方程式 $ax^2 + bx + c = 0$ の2解を α, β とすると,
$$\alpha + \beta = -\frac{b}{a}, \quad \alpha\beta = \frac{c}{a}.$$

● 2次方程式の解になる2つの数

p, q を定数とする.
$$x+y=p, \quad xy=q$$
を満たす x, y は,t についての2次方程式
$$t^2-pt+q=0$$
の2解である.

前　編
頻出問題の解法の確認

~前編で学ぶ内容~

　前編では軌跡と領域の分野における頻出問題へのアプローチの確認を行う．

　前編では 7 題の例題と 10 題の演習を取り上げる．以下，前編について確認しておいてほしいことをまとめておく．

・**例題**について

　7 題の例題すべての解答・解説のページには，最初にその例題のテーマが記されている．そして，　ポイント　でその例題に関する重要事項を記し，実際に問題を解くときのプロセスを　解答にいたるまでの手順　としてまとめ，解答において，どの段階でどのような Step を行ったかを記している．

・**演習**について

　10 題の演習すべての解答・解説のページには，それぞれの演習に対して，関連する例題が示してある．

例　題

座標平面上における軌跡の求め方

例題 1

　xy 平面上において，2点 A(3, 5)，B(6, 2) がある．AP：BP＝1：2 を満たしながら動く点 P の軌跡を求めよ．

パラメータで定まる点の軌跡

例題 2

　xy 平面上において，放物線 $C：y=x^2+4ax+8a^2-2a+1$ がある．a がすべての実数値をとりながら変化するとき，C の頂点の軌跡を求めよ．

動点に伴って動く点の軌跡

例題 3

xy 平面上において，円 $C:(x-5)^2+(y-6)^2=9$ と点 A(8, 0) がある．点 P が C 上を動くとき，線分 AP を 1:2 に内分する点 Q の軌跡を求めよ．

範囲があるパラメータで定まる点の軌跡

例題 4

xy 平面上において，放物線 $C:y=(x-1)^2$ がある．また，原点を通り，傾きが k である直線 l とする．
(1) C と l が異なる 2 点で交わるような k の値の範囲を求めよ．
(2) k が(1)で求めた範囲の値をとって変化するとき，C と l の 2 つの交点 P, Q を結ぶ線分の中点 M の軌跡を求めよ．

例　題

連立不等式で表される領域

例題 5

xy 平面上において，次の不等式が表す領域を図示せよ．

(1) $\begin{cases} x^2+y^2+2x-2y+1<0, \\ x-y+1>0. \end{cases}$

(2) $(x^2+y^2+2x-2y+1)(x-y+1)<0.$

領域を利用して式のとり得る値の範囲を求める

例題 6

2つの実数 x と y は次の3つの不等式をすべて満たしながら変化する．
$$\begin{cases} y \geqq x-1 & \cdots ①, \\ y \leqq -\dfrac{1}{2}x+\dfrac{7}{2} & \cdots ②, \\ y \geqq -2x+5 & \cdots ③. \end{cases}$$
このとき，$\dfrac{1}{3}x+y$ のとり得る値の範囲を求めよ．

線分と直線が共有点をもつ条件

例題 7

a を実数の定数とする．xy 平面上において，直線 $l: y = -2ax - a^2$ と 2 点 A(2, 3)，B(3, 8) がある．線分 AB の両端を除いた部分と l が 1 点で交わるような a の値の範囲を求めよ．

座標平面上における軌跡の求め方

例題 1

xy 平面上において，2点 A(3, 5)，B(6, 2) がある．AP：BP＝1：2 を満たしながら動く点 P の軌跡を求めよ．

ポイント

xy 平面上において，与えられた条件を満たす点 P の軌跡を求めるときは，点 P の x 座標と y 座標の満たす関係式を求めることを目標にするとよい．点 P の x 座標と y 座標の関係式が求まれば，どのような図形上に点 P があるかがわかるからである．

解答にいたるまでの手順

xy 平面上において，与えられた条件を満たす点の軌跡を求めるときは，次の手順をたどればよい．

Step① 軌跡を求める点の座標を (X, Y) とおく．

Step② 与えられた条件を X，Y の式で表し，X と Y の関係式を求める．

Step③ Step②で得られた X と Y の関係式を整理して，どのような図形上に点 (X, Y) があるかを把握する．

Step④ Step③で得られた X と Y の関係式から，与えられた条件を満たす点の軌跡を求める．なお，xy 平面上における軌跡の方程式は X，Y ではなく，x，y を用いて記すこと．

▶解答◀

点 P の座標を (X, Y) とおく． ← **Step①**

AP：BP＝1：2 より，2AP＝BP …①．

①の両辺を 2 乗すると，$4AP^2 = BP^2$ …②．

$P(X, Y)$，A(3, 5)，B(6, 2) より，②は

例題 1

$$4\{(X-3)^2+(Y-5)^2\}=(X-6)^2+(Y-2)^2 \quad \cdots ③ \quad \text{Step ②}$$

となる．

③を整理すると，$3X^2+3Y^2-12X-36Y+96=0 \quad \cdots ④$．

④の両辺を 3 で割ると，$X^2+Y^2-4X-12Y+32=0 \quad \cdots ⑤$．

⑤を整理すると，$(X-2)^2+(Y-6)^2=8 \quad \cdots ⑥$． Step ③

⑥から，点 P の軌跡は，**円 $(x-2)^2+(y-6)^2=8$**． Step ④

(**参考**) 解答の記述は，「P(X, Y) とおいたとき，⑥が成り立つ」という記述であり，これは「AP：BP = 1：2 を満たす点 P は円 $(x-2)^2+(y-6)^2=8$ 上にある」，すなわち，「求める軌跡は円 $(x-2)^2+(y-6)^2=8$ に含まれる」ということを示しているに過ぎない．

したがって，本問の軌跡を求めるためには，「円 $(x-2)^2+(y-6)^2=8$ のどの部分が求める軌跡なのか …（∗）」を調べなければならない．そして，解答で導いた①から⑥までの等式を利用すると，次のようにして（∗）を調べることができる．

【（∗）を調べる過程】

円 $(x-2)^2+(y-6)^2=8$ 上の点 P に対して，点 P の座標を (X, Y) とおく．

点 P は円 $(x-2)^2+(y-6)^2=8$ 上にあるから，⑥が成り立つ．

⑥の左辺を展開して整理すると，⑤となる．

⑤の両辺を 3 倍すると，④となる．

④を整理すると，③が得られる．

P(X, Y)，A(3, 5)，B(6, 2) より，③から②が成り立つ．

AP≧0，BP≧0 であるから，②より①が成り立つ．

①より，AP：BP = 1：2 が成り立つ．

したがって，点 P を円 $(x-2)^2+(y-6)^2=8$ 上のどの位置にとったとしても，AP：BP = 1：2 が成り立つので，円 $(x-2)^2+(y-6)^2=8$ 全体が求める軌跡である．

【（∗）を調べる過程おわり】

一般に，軌跡を求める点を (X, Y) とおいて，与えられた条件から X と Y の関係式を求めることでいえるのは，「求める軌跡がどの図形に含まれているか」ということに過ぎず，「その図形のどの部分が求める軌跡であるか」を調べることで，はじめて軌跡が求まったといえるのである．

パラメータで定まる点の軌跡

例題 2

xy 平面上において，放物線 $C : y = x^2 + 4ax + 8a^2 - 2a + 1$ がある．a がすべての実数値をとりながら変化するとき，C の頂点の軌跡を求めよ．

ポイント

本問の a のように，「点の位置や，図形の位置および形状などを定めている文字」のことを本書ではパラメータと呼ぶことにする．

パラメータで定まる点の軌跡を求めるときは，軌跡を求める点の x 座標と y 座標をそれぞれパラメータで表し，その後，パラメータを消去することで x 座標と y 座標の関係式を求めることを目標にするとよい．

解答にいたるまでの手順

xy 平面上において，1つのパラメータで定まる点の軌跡を求めるときは，次の手順をたどればよい．

- **Step ①** 軌跡を求める点の座標を (X, Y) とおく．
- **Step ②** X, Y をそれぞれパラメータの式で表す．
- **Step ③** Step ② で得られた式のうち，パラメータについて解くことができるものを，パラメータについて解く．
- **Step ④** Step ③ で得られた式を利用してパラメータを消去し，X と Y の関係式をつくる．その X と Y の関係式から，与えられた条件を満たす点の軌跡を求める．

▶解答◀

C の頂点の座標を (X, Y) とおく． ← **Step ①**

$C : y = (x+2a)^2 + 4a^2 - 2a + 1$ より，C の頂点の座標は $(-2a, 4a^2 - 2a + 1)$ であるから，

$$\begin{cases} X = -2a & \cdots ① \\ Y = 4a^2 - 2a + 1 & \cdots ② \end{cases}$$ ← **Step ②**

① より，$a = -\dfrac{X}{2}$ $\cdots ①'$ ← **Step ③**

$①'$ より，② の a に $-\dfrac{X}{2}$ を代入すると，

$$Y = 4 \cdot \left(-\dfrac{X}{2}\right)^2 - 2 \cdot \left(-\dfrac{X}{2}\right) + 1$$

すなわち，

$$Y = X^2 + X + 1.$$

したがって，C の頂点の軌跡は，**放物線 $y = x^2 + x + 1$**． ← **Step ④**

動点に伴って動く点の軌跡

例題 3

xy 平面上において，円 $C:(x-5)^2+(y-6)^2=9$ と点 $A(8, 0)$ がある．点 P が C 上を動くとき，線分 AP を $1:2$ に内分する点 Q の軌跡を求めよ．

ポイント

本問は「C 上の動点 P に伴って動く点 Q」の軌跡を求める問題である．

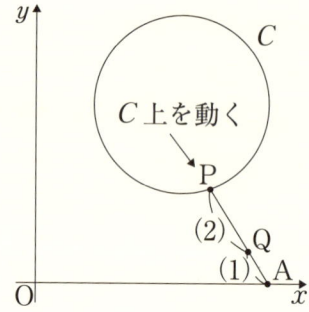

このように，与えられた曲線 C 上の動点 P に伴って動く点 Q の軌跡を求めるときは，点 P の座標を (s, t) とおき，点 Q の x 座標と y 座標をそれぞれ s, t を用いて表すことからはじめる．このことから，点 Q は「2つのパラメータ s, t で定まる点」であるとわかるので，点 Q の軌跡を求めるためには，s, t を消去して点 Q の x 座標と y 座標の関係式を求めることが目標になる．そして，s と t の関係式を利用すると s, t を消去することができる．

解答にいたるまでの手順

xy 平面上において，与えられた曲線 C 上の動点 P に伴って動く点 Q の軌跡を求めるときは，次の手順をたどればよい．

Step ① 軌跡を求める点 Q の座標を (X, Y) とおく．
Step ② 動点 P の座標を (s, t) とおき，X, Y をそれぞれ s, t の式で表す．
Step ③ Step ② で得られた式を s, t について解く．
Step ④ 「点 P が C 上の動点である」ことから得られる s と t の関係

式を利用して s, t を消去し，X と Y の関係式をつくる．その X と Y の関係式から，点 Q の軌跡を求める．

▶解答◀

点 Q の座標を (X, Y) とおく．　← Step ❶

点 P の座標を (s, t) とおくと，点 Q が線分 AP を $1:2$ に内分することから，

$$\begin{cases} X = \dfrac{2 \cdot 8 + 1 \cdot s}{1+2}, \\ Y = \dfrac{2 \cdot 0 + 1 \cdot t}{1+2} \end{cases}$$

すなわち，

$$\begin{cases} X = \dfrac{16+s}{3} & \cdots ①, \\ Y = \dfrac{t}{3} & \cdots ②. \end{cases}$$ ← Step ❷

①, ② より，

$$\begin{cases} s = 3X - 16 & \cdots ①', \\ t = 3Y & \cdots ②'. \end{cases}$$ ← Step ❸

点 P(s, t) は円 $C : (x-5)^2 + (y-6)^2 = 9$ 上を動くから，

$$(s-5)^2 + (t-6)^2 = 9 \quad \cdots ③.$$

①', ②' より，③において，s に $3X-16$ を代入し，t に $3Y$ を代入すると，

$$\{(3X-16)-5\}^2 + (3Y-6)^2 = 9$$

すなわち，

$$(3X-21)^2 + (3Y-6)^2 = 9 \quad \cdots ④$$

となる．

④ より，

$$\{3(X-7)\}^2 + \{3(Y-2)\}^2 = 9$$

すなわち，

$$9(X-7)^2 + 9(Y-2)^2 = 9$$

となるから，この等式の両辺を 9 で割ると，

$$(X-7)^2 + (Y-2)^2 = 1.$$

したがって，点 Q の軌跡は，**円 $(x-7)^2 + (y-2)^2 = 1$**. ← Step ❹

範囲があるパラメータで定まる点の軌跡

例題 4

xy 平面上において，放物線 $C: y = (x-1)^2$ がある．また，原点を通り，傾きが k である直線 l とする．

(1) C と l が異なる 2 点で交わるような k の値の範囲を求めよ．

(2) k が(1)で求めた範囲の値をとって変化するとき，C と l の 2 つの交点 P，Q を結ぶ線分の中点 M の軌跡を求めよ．

ポイント

本問は「放物線が直線から切り取る線分の中点」の軌跡を求める問題である．

(2)では，l の傾き k の値によって 2 点 P，Q の位置が定まり，それに応じて点 M の位置が定まるので，k は「点 M の位置を定めるパラメータ」である．このことから，軌跡を求める点 M の x 座標と y 座標をそれぞれパラメータ k で表すことが(2)の解決への指針となる．

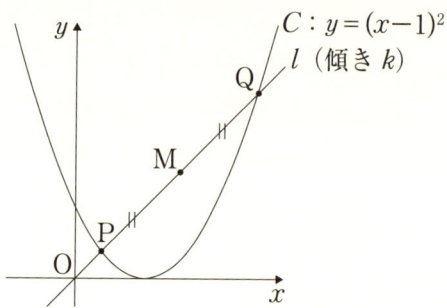

(2)で注意すべきことは，k のとり得る値の範囲に制限があることである．これにより，点 M の x 座標がとり得る値の範囲にも制限が生じる．

また，点 M の x 座標と y 座標をそれぞれ k で表すときに，2 点 P，Q の x 座標が必要となるが，2 点 P，Q の x 座標を k で表すと少し長い式になるので，▶解答◀ では，一時的に 2 点 P，Q の x 座標を α，β とおいていることも確認してほしい．

例題 4

(2)の解答にいたるまでの手順

xy 平面上において，範囲がある1つのパラメータで定まる点の軌跡を求めるときは，次の手順をたどればよい．

なお，**Step①** から **Step④** までの流れは，**例題 2** の **解答にいたるまでの手順** と同じ流れである．

Step① 軌跡を求める点の座標を (X, Y) とおく．

Step② X，Y をそれぞれパラメータの式で表す．

Step③ **Step②** で得られた式のうち，パラメータについて解くことができるものを，パラメータについて解く．

Step④ **Step③** で得られた式を利用してパラメータを消去し，X と Y の関係式をつくる．

Step⑤ **Step③** で得られた式を利用してパラメータのとり得る値の範囲から，X（あるいは Y）のとり得る値の範囲を求める．

Step⑥ **Step④** と **Step⑤** から，与えられた条件を満たす点の軌跡を求める．

▶解答◀

(1) l は原点を通り，傾きが k である直線なので，l の方程式は $y = kx$．

さらに，C の方程式は $y = (x-1)^2$ であるから，x についての2次方程式

$$(x-1)^2 = kx$$

すなわち，

$$x^2 - (k+2)x + 1 = 0 \quad \cdots (*)$$

の実数解が C と l の共有点の x 座標である．

C と l が異なる2点で交わることから，$(*)$ は異なる2つの実数解をもつので，$(*)$ の判別式を D とすると $D > 0$ である．

$$D = \{-(k+2)\}^2 - 4 \cdot 1 \cdot 1$$
$$= k(k+4)$$

であるから，$D > 0$ より，

$$k(k+4) > 0.$$

したがって，C と l が異なる2点で交わるような k の値の範囲は，

$$k < -4, \ 0 < k.$$

29

(2) (1)より，k は
$$k<-4, \ 0<k \quad \cdots(**)$$
の範囲の値をとって変化する．

　点 M の座標を (X, Y) とおく．　　Step❶

　$(**)$ のとき，(1)の$(*)$の実数解は $x=\dfrac{k+2\pm\sqrt{k^2+4k}}{2}$ であるから，
$$\alpha=\dfrac{k+2-\sqrt{k^2+4k}}{2}, \ \beta=\dfrac{k+2+\sqrt{k^2+4k}}{2} \quad \cdots(※)$$
とおくと，2 点 P，Q の x 座標は α，β である．このことと 2 点 P，Q が $l : y=kx$ 上にあることから，2 点 P，Q の座標は $(\alpha, k\alpha)$，$(\beta, k\beta)$ である．

　点 M は線分 PQ の中点であるから，
$$\begin{cases} X=\dfrac{\alpha+\beta}{2}, \\ Y=\dfrac{k\alpha+k\beta}{2} \end{cases}$$
すなわち，
$$\begin{cases} X=\dfrac{\alpha+\beta}{2}, \\ Y=\dfrac{k(\alpha+\beta)}{2} \end{cases}$$
であり，(※)より $\alpha+\beta=k+2$ であるから，
$$\begin{cases} X=\dfrac{k+2}{2} & \cdots ①, \\ Y=\dfrac{k(k+2)}{2} & \cdots ②. \end{cases}$$
　　　　　　　　　　　　　　　Step❷

　①より，$k=2X-2 \quad \cdots ①'$．　　Step❸

　①′より，②の k に $2X-2$ を代入すると，
$$Y=\dfrac{(2X-2)\{(2X-2)+2\}}{2}$$
すなわち，
$$Y=2X^2-2X \quad \cdots ③. \quad \text{Step❹}$$
　さらに，①′より，$(**)$ の k に $2X-2$ を代入すると，
$$2X-2<-4, \ 0<2X-2$$

30

すなわち，
$$X<-1,\ 1<X \quad \cdots ④. \quad \leftarrow Step ⑤$$

③，④より，点 M の軌跡は，

放物線 $y=2x^2-2x$ の $x<-1,\ 1<x$ の部分． $\leftarrow Step ⑥$

(参考) ①を導くためには，$\alpha+\beta$ が k で表されればよい．そして，$\alpha+\beta$ は，α と β を直接求めなくても，解と係数の関係から求めることができる．また，点 M は直線 l 上にある．以上のことを踏まえると，点 M の座標を (X, Y) とおいた後，次のようにして①と②を導くこともできる．

【①と②を導く別解】

$(**)$ のとき，(1)の $(*)$ の異なる2つの実数解を α，β とおくと，2点 P，Q の x 座標は α，β である．

点 M は線分 PQ の中点であるから，
$$X=\frac{\alpha+\beta}{2}.$$

(1)の（$*$）において，解と係数の関係より $\alpha+\beta=k+2$ であるから，
$$X=\frac{k+2}{2}.$$

さらに，点 M が $l:y=kx$ 上にあることから，
$$Y=kX.$$

よって，
$$\begin{cases} X=\dfrac{k+2}{2}, \\ Y=kX \end{cases}$$

すなわち，
$$\begin{cases} X=\dfrac{k+2}{2}, \\ Y=k\cdot\dfrac{k+2}{2} \end{cases}$$

となることから，
$$\begin{cases} X=\dfrac{k+2}{2} & \cdots ①, \\ Y=\dfrac{k(k+2)}{2} & \cdots ②. \end{cases}$$

【①と②を導く別解おわり】

連立不等式で表される領域

例題 5

xy 平面上において，次の不等式が表す領域を図示せよ．

(1) $\begin{cases} x^2+y^2+2x-2y+1<0, \\ x-y+1>0. \end{cases}$

(2) $(x^2+y^2+2x-2y+1)(x-y+1)<0.$

ポイント

(1)のような「連立不等式で表される領域」は「連立されているそれぞれの不等式が表す領域の共通部分」である．

(2)のような「左辺が『積の形』で右辺が0という不等式で表される領域」を図示するときは，左辺において掛けられているそれぞれの式の符号に着目するとよい．

(2)の解答にいたるまでの手順

xy 平面上において，「左辺が『積の形』で右辺が0という不等式で表される領域」を図示するときは，次の手順をたどればよい．

Step ① 左辺において掛けられているそれぞれの式の符号についての不等式を立てる．

Step ② Step ① において得られた連立不等式が表す領域を図示する．

▶解答◀

(1)

$$\begin{cases} x^2+y^2+2x-2y+1<0, \\ x-y+1>0 \end{cases}$$

より，

$$\begin{cases} (x+1)^2+(y-1)^2<1, \\ y<x+1. \end{cases}$$

よって，求める領域は下図の斜線部分で，境界を含まない．

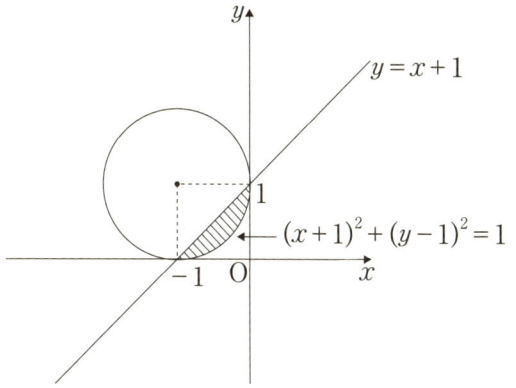

(2) $(x^2+y^2+2x-2y+1)(x-y+1)<0$ より，

$$\begin{cases} x^2+y^2+2x-2y+1>0, \\ x-y+1<0 \end{cases} \quad \text{または} \quad \begin{cases} x^2+y^2+2x-2y+1<0, \\ x-y+1>0 \end{cases}$$

である． ← **Step①**

このことから，

$$\begin{cases} (x+1)^2+(y-1)^2>1, \\ y>x+1 \end{cases} \quad \text{または} \quad \begin{cases} (x+1)^2+(y-1)^2<1, \\ y<x+1. \end{cases}$$

よって，求める領域は下図の斜線部分で，境界を含まない． ← **Step②**

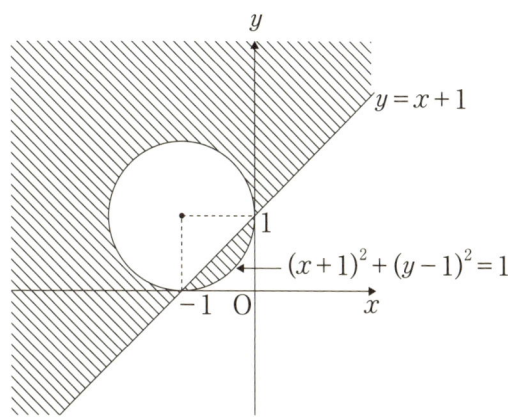

領域を利用して式のとり得る値の範囲を求める

例題 6

2つの実数 x と y は次の3つの不等式をすべて満たしながら変化する．

$$\begin{cases} y \geq x-1 & \cdots ①, \\ y \leq -\dfrac{1}{2}x + \dfrac{7}{2} & \cdots ②, \\ y \geq -2x+5 & \cdots ③. \end{cases}$$

このとき，$\dfrac{1}{3}x + y$ のとり得る値の範囲を求めよ．

ポイント

①，②，③のような関係式を満たしながら変化する2つの実数 x と y において，$\dfrac{1}{3}x + y$ のような x と y についての式のとり得る値の範囲は，①，②，③のような x と y の関係式が表す領域を利用して求めることができる．

解答にいたるまでの手順

xy 平面上において，領域を利用して x と y についての式のとり得る値の範囲を求めるときは，次の手順をたどればよい．

Step ① (とり得る値の範囲を求める式)$= k$ $\cdots (*)$ とおく．

Step ② xy 平面において $(*)$ が表す図形がどのような図形であるかを把握する．

Step ③ k の値が変化すると $(*)$ が表す図形がどのように変わるかをイメージしながら，$(*)$ が表す図形が領域と共有点をもつような k のとり得る値の範囲を図を利用して求める．

解答

xy 平面において，

$$\begin{cases} y \geq x-1 & \cdots ①, \\ y \leq -\dfrac{1}{2}x + \dfrac{7}{2} & \cdots ②, \\ y \geq -2x+5 & \cdots ③ \end{cases}$$

例題 6

が表す領域を D とする．

D は右図の斜線部分で，境界を含む．

2つの実数 x と y は①，②，③をすべて満たしながら変化するから，求めるものは，点 (x, y) が D を動くときの $\frac{1}{3}x + y$ のとり得る値の範囲である．

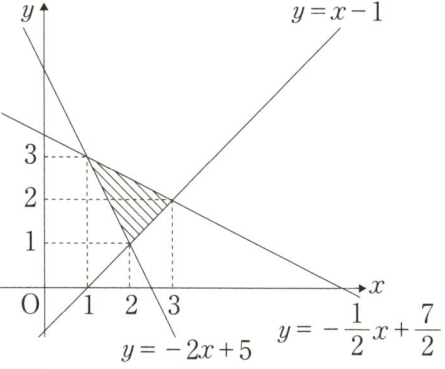

$\frac{1}{3}x + y = k$ …(∗) とおく． ← **Step ①**

(∗) より，$y = -\frac{1}{3}x + k$ であるから，xy 平面において，(∗) は

$$\text{傾きが } -\frac{1}{3}, \ y \text{切片が } k \text{ である直線}$$

を表す． ← **Step ②**

よって，xy 平面において，(∗) が表す直線を l とすると，求めるものは，l が D と共有点をもつような k のとり得る値の範囲である．

(図) より，k は l が点 $(1, 3)$ を通るとき最大となり，このとき，(∗) より

$$k = \frac{1}{3} \cdot 1 + 3 = \frac{10}{3}.$$

(図) より，k は l が点 $(2, 1)$ を通るとき最小となり，このとき，(∗) より

$$k = \frac{1}{3} \cdot 2 + 1 = \frac{5}{3}.$$

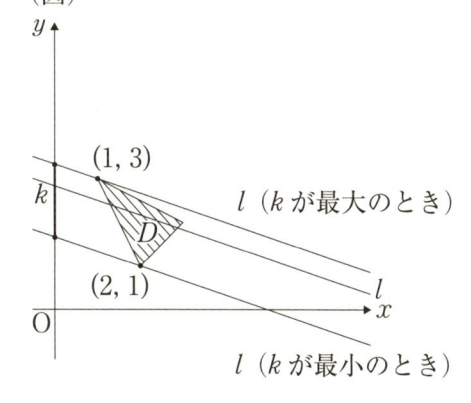

以上のことと(図)から，k のとり得る値の範囲は，$\frac{5}{3} \leqq k \leqq \frac{10}{3}$．

したがって，$\frac{1}{3}x + y$ のとり得る値の範囲は，$\frac{5}{3} \leqq \frac{1}{3}x + y \leqq \frac{10}{3}$． ← **Step ③**

線分と直線が共有点をもつ条件

例題 7

a を実数の定数とする．xy 平面上において，直線 $l : y = -2ax - a^2$ と 2 点 A(2, 3)，B(3, 8) がある．線分 AB の両端を除いた部分と l が 1 点で交わるような a の値の範囲を求めよ．

ポイント

線分 AB の両端を除いた部分と l が 1 点で交わるための条件は，2 点 A，B のうち，一方が l の上側にあり，他方が l の下側にあることである．

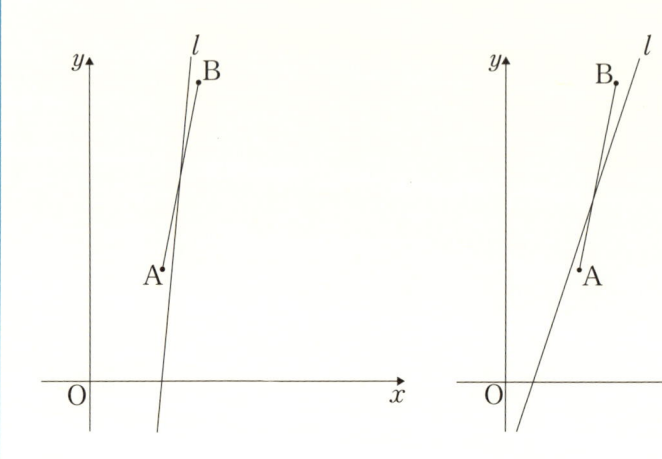

解答にいたるまでの手順

xy 平面上において，ある線分の両端を除いた部分とある直線が 1 点で交わるための条件を，領域を利用して求めるためには，次の手順をたどればよい．

Step① 直線の上側を表す不等式と直線の下側を表す不等式を立てる．
Step② 線分の両端のうち，一方が直線の上側にあり，他方が直線の下側にあることを，**Step①** で得られた不等式を用いて立式する．

▶解答◀

l の方程式が $y = -2ax - a^2$ であることから，

　　　l の上側を表す不等式は，$y > -2ax - a^2$ …①，

　　　l の下側を表す不等式は，$y < -2ax - a^2$ …②

である．　◀ Step❶

線分 AB の両端を除いた部分と l が 1 点で交わるための条件は，

　　　「点 A が l の上側にあり，かつ，点 B が l の下側にあること」

　　　　　　　　　　または

　　　「点 B が l の上側にあり，かつ，点 A が l の下側にあること」

であるから，点 A の座標が $(2, 3)$，点 B の座標が $(3, 8)$ であることと①，②より，線分 AB の両端を除いた部分と l が 1 点で交わるための条件は，a が

$$\begin{cases} 3 > -2a \cdot 2 - a^2, \\ 8 < -2a \cdot 3 - a^2 \end{cases} \quad \text{または} \quad \begin{cases} 8 > -2a \cdot 3 - a^2, \\ 3 < -2a \cdot 2 - a^2 \end{cases}$$

を満たすことである．　◀ Step❷

このことから，

$$\begin{cases} (a+3)(a+1) > 0, \\ (a+4)(a+2) < 0 \end{cases} \quad \text{または} \quad \begin{cases} (a+4)(a+2) > 0, \\ (a+3)(a+1) < 0 \end{cases}$$

すなわち，

$$-4 < a < -3 \quad \text{または} \quad -2 < a < -1.$$

したがって，線分 AB の両端を除いた部分と l が 1 点で交わるような a の値の範囲は，

$$-4 < a < -3, \quad -2 < a < -1.$$

演習問題

演習 1

xy 平面上において,点 A(0, 2) がある.点 A からの距離と x 軸からの距離が等しくなるように動く点 P の軌跡を求めよ.

演習 2

xy 平面上において,点 P(t^2+1, t^4) がある.t がすべての実数値をとりながら変化するとき,点 P の軌跡を求めよ.

演習 3

xy 平面上において,円 $C: x^2+(y-1)^2=5$ と 2 点 A(-3, 0),B(4, 0) がある.
(1) C と x 軸の共有点の座標を求めよ.
(2) 点 P は 3 点 A,B,P が三角形をなすように C 上を動くものとする.このとき,三角形 ABP の重心 G の軌跡を求めよ.

演習 4

xy 平面上において，原点 O と異なる点 P があり，原点 O を端点とする半直線 OP 上に OP・OQ=1 を満たす点 Q をとる．

(1) 点 P の座標を (s, t)，点 Q の座標を (X, Y) とおく．s, t をそれぞれ X, Y を用いて表せ．

(2) 点 P が直線 $x+y-2=0$ 上を動くとき，点 Q の軌跡を求めよ．

演習 5

xy 平面上において，放物線 $C: y=x^2-2x+2$ がある．また，点 $(0, 1)$ を通り，傾きが m である直線 l とする．

(1) C と l が異なる 2 点で交わるような m の値の範囲を求めよ．

(2) m が (1) で求めた範囲の値をとって変化するとき，C と l の 2 つの交点 P, Q と点 A$(0, -2)$ の 3 点を頂点とする三角形の重心 G の軌跡を求めよ．

演習 6

(1) xy 平面上において，不等式 $|x|+|y| \leqq 5$ が表す領域を図示せよ．

(2) x, y を実数とする．
$$|x|+|y| \leqq 5 \quad \text{ならば} \quad y > \frac{1}{2}x+k$$
が真となるような定数 k の値の範囲を求めよ．

演習問題

演習 7

2つの実数 x と y は次の3つの不等式をすべて満たしながら変化する．
$$\begin{cases} y \geq 2x - 4 & \cdots ① , \\ x + y - 2 \geq 0 & \cdots ② , \\ y \leq \dfrac{1}{2}x + 2 & \cdots ③ . \end{cases}$$

(1) $2x + y$ の最大値と最小値を求めよ．

(2) $3x - y$ の最大値を求めよ．

(3) $\dfrac{y-3}{x-5}$ の最大値と最小値を求めよ．

(4) $x^2 + y^2 - 2x$ の最小値を求めよ．

演習 8

2つの実数 x と y は次の2つの不等式をともに満たしながら変化する．
$$\begin{cases} y \geq x & \cdots ① , \\ (x-3)^2 + (y-4)^2 \leq 5 & \cdots ② . \end{cases}$$

(1) $y - 2x$ の最大値を求めよ．

(2) a を実数の定数とする．$y - ax$ の最大値を a を用いて表せ．

演習 9

t を実数の定数とする．xy 平面上において，直線 $l : y = -2tx + t^2$ と 3 点 A$(2, 5)$，B$(1, 0)$，C$(3, -5)$ がある．三角形 ABC の周および内部と l が共有点をもたないような t の値の範囲を求めよ．

演習 10

(1) 3 つの実数 x, y, t が，
$$x = \frac{1}{1+t^2} \quad \text{かつ} \quad y = \frac{t}{1+t^2}$$
を満たすならば，
$$x \neq 0 \quad \text{かつ} \quad t = \frac{y}{x}$$
が成り立つことを証明せよ．

(2) xy 平面上において，t がすべての実数値をとりながら変化するとき，
$$\begin{cases} x = \dfrac{1}{1+t^2} & \cdots \text{①} \\ y = \dfrac{t}{1+t^2} & \cdots \text{②} \end{cases}$$
によって定まる点 P(x, y) の軌跡を求めよ．

演習 1

xy 平面上において，点 A$(0, 2)$ がある．点 A からの距離と x 軸からの距離が等しくなるように動く点 P の軌跡を求めよ．

〜関連する例題：**例題** 1 〜

ポイント

点 P の座標を (X, Y) とおいて，点 A からの距離と x 軸からの距離が等しい点が P であることから X と Y の関係式を求めればよい．

なお，点 P と x 軸の距離とは，点 P から x 軸に下ろした垂線と x 軸の交点を H としたときの線分 PH の長さであることも確認しておこう．

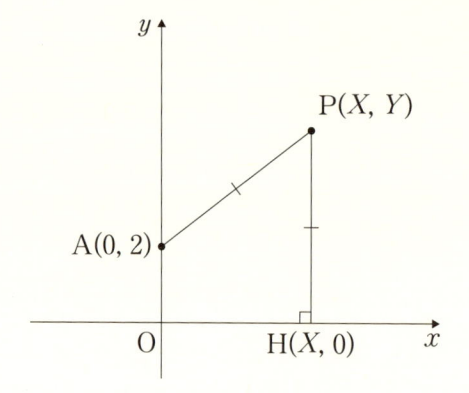

▶解答◀

点 P の座標を (X, Y) とおく．また，点 P から x 軸に下ろした垂線と x 軸の交点を H とする．

点 A からの距離と x 軸からの距離が等しい点が P であることから，
$$\mathrm{AP} = \mathrm{PH} \quad \cdots ①.$$
①の両辺を 2 乗すると，$\mathrm{AP}^2 = \mathrm{PH}^2 \quad \cdots ②$.
P(X, Y)，A$(0, 2)$，H$(X, 0)$ より，②は
$$X^2 + (Y-2)^2 = Y^2 \quad \cdots ③$$
となる．

③を整理すると，$Y = \dfrac{1}{4}X^2 + 1 \quad \cdots ④$.

④から，点Pの軌跡は，**放物線** $y = \dfrac{1}{4}x^2 + 1$.

(参考) 解答の記述は，「P(X, Y)とおいたとき，④が成り立つ」という記述であり，これは「点Aからの距離とx軸からの距離が等しい点Pは，放物線 $y = \dfrac{1}{4}x^2 + 1$ 上にある」，すなわち，「求める軌跡は放物線 $y = \dfrac{1}{4}x^2 + 1$ に含まれる」ということを示しているに過ぎない．

したがって，本問の軌跡を求めるためには，「放物線 $y = \dfrac{1}{4}x^2 + 1$ のどの部分が求める軌跡なのか …(＊)」を調べなければならない．そして，解答で導いた①から④までの等式を利用すると，次のようにして(＊)を調べることができる．

【(＊)を調べる過程】

放物線 $y = \dfrac{1}{4}x^2 + 1$ 上の点Pに対して，点Pの座標を(X, Y)とおく．また，点Pからx軸に下ろした垂線とx軸の交点をHとする．

点Pは放物線 $y = \dfrac{1}{4}x^2 + 1$ 上にあるから，④が成り立つ．

④を整理すると，③が得られる．

P(X, Y)，A(0, 2)，H(X, 0) より，③から②が成り立つ．

AP≧0，PH≧0 であるから，②より①が成り立つ．

したがって，点Pを放物線 $y = \dfrac{1}{4}x^2 + 1$ 上のどの位置にとったとしても，点Pは点Aからの距離とx軸からの距離が等しい点になるので，放物線 $y = \dfrac{1}{4}x^2 + 1$ 全体が求める軌跡である．

【(＊)を調べる過程おわり】

演習 2

xy 平面上において，点 $\mathrm{P}(t^2+1, t^4)$ がある．t がすべての実数値をとりながら変化するとき，点 P の軌跡を求めよ．

〜関連する例題：**例題 2**，**例題 4**〜

ポイント

点 P の座標を (X, Y) とおいて，X，Y をそれぞれパラメータ t で表した後，t を消去して X と Y の関係式を求めればよい．

ここで，本問では X と Y はいずれも t^2 についての式で表されるので，t^2 をパラメータと見て，t^2 を消去すれば X と Y の関係式を求められるが，その際に，$t^2 \geqq 0$ であることに注意しよう．

▶ 解答 ◀

点 P の座標を (X, Y) とおく．
点 $\mathrm{P}(t^2+1, t^4)$ であるから，

$$\begin{cases} X = t^2 + 1, \\ Y = t^4 \end{cases}$$

すなわち，

$$\begin{cases} X = t^2 + 1 & \cdots ①, \\ Y = (t^2)^2 & \cdots ②. \end{cases}$$

① より，$t^2 = X - 1$ $\cdots ①'$．
①′ より，② の t^2 に $X-1$ を代入すると，

$$Y = (X-1)^2 \quad \cdots ③.$$

ここで，t がすべての実数値をとりながら変化することから，t^2 は

$$t^2 \geqq 0 \quad \cdots (*)$$

の範囲の値をとって変化する．
①′ より，$(*)$ の t^2 に $X-1$ を代入すると，

$$X - 1 \geqq 0$$

すなわち，

$$X \geqq 1 \quad \cdots ④.$$

③,④より,点Pの軌跡は,
$$\text{放物線 } y=(x-1)^2 \text{ の } x\geqq 1 \text{ の部分}.$$

演習 3

xy 平面上において，円 $C: x^2+(y-1)^2=5$ と 2 点 A$(-3, 0)$, B$(4, 0)$ がある．
(1) C と x 軸の共有点の座標を求めよ．
(2) 点 P は 3 点 A, B, P が三角形をなすように C 上を動くものとする．このとき，三角形 ABP の重心 G の軌跡を求めよ．

〜関連する例題：例題 3, 例題 4〜

ポイント

(2)は「C 上の動点 P に伴って動く点 G」の軌跡を求める問題である．

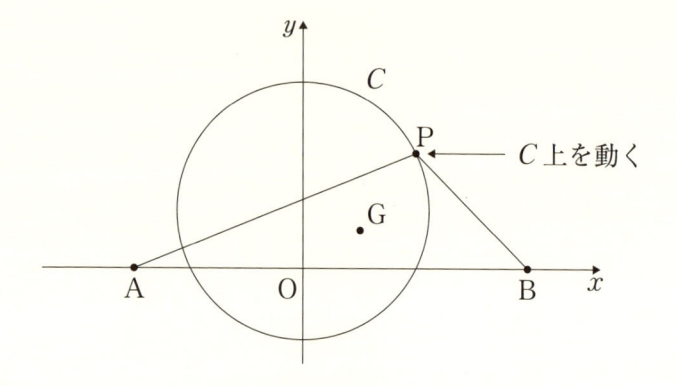

したがって，(2)では，点 P の座標を (s, t) とおき，点 G の x 座標と y 座標をそれぞれ s, t を用いて表した後，s, t を消去して点 G の x 座標と y 座標の関係式を求めることが目標になる．そして，s と t の関係式を利用すると s, t を消去することができる．

(2)で注意すべきことは，点 P が 3 点 A, B, P が三角形をなすように動くことにより，点 P は C 上全体ではなく，「C と直線 AB の共有点を除いた部分」を動くことである．これにより，点 G が動く部分にも制限が生じる．

▶解答◀

(1) $x^2+(y-1)^2=5$ において，$y=0$ を代入すると，
$$x^2+(0-1)^2=5$$
すなわち，
$$x^2=4$$
となるから，この x についての2次方程式を解くと，
$$x=\pm 2.$$
したがって，C と x 軸の共有点の座標は，
$$(-2, 0), \ (2, 0).$$

(2) 点 G の座標を (X, Y) とおく．

点 P の座標を (s, t) とおくと，点 G が三角形 ABP の重心であることから，
$$\begin{cases} X=\dfrac{-3+4+s}{3}, \\ Y=\dfrac{0+0+t}{3} \end{cases}$$
すなわち，
$$\begin{cases} X=\dfrac{1+s}{3} & \cdots ①, \\ Y=\dfrac{t}{3} & \cdots ②. \end{cases}$$
①，② より，
$$\begin{cases} s=3X-1 & \cdots ①', \\ t=3Y & \cdots ②'. \end{cases}$$

3点 A，B，P が三角形をなすことから，点 P(s, t) は $C: x^2+(y-1)^2=5$ 上のうち，C と直線 AB の共有点，すなわち，C と x 軸の共有点を除いた部分を動く．このことと (1) より，
$$s^2+(t-1)^2=5 \ \ かつ \ \ (s, t) \neq (-2, 0) \ \ かつ \ \ (s, t) \neq (2, 0) \ \cdots (*).$$
①'，② ' より，$s^2+(t-1)^2=5$ において，s に $3X-1$ を代入し，t に $3Y$ を代入すると，
$$(3X-1)^2+(3Y-1)^2=5$$
であり，これより，

47

$$\left\{3\left(X-\frac{1}{3}\right)\right\}^2+\left\{3\left(Y-\frac{1}{3}\right)\right\}^2=5$$

すなわち,

$$9\left(X-\frac{1}{3}\right)^2+9\left(Y-\frac{1}{3}\right)^2=5$$

となるから，この等式の両辺を 9 で割ると，

$$\left(X-\frac{1}{3}\right)^2+\left(Y-\frac{1}{3}\right)^2=\frac{5}{9} \quad \cdots ③.$$

さらに，①′，②′ より，$(s, t) \neq (-2, 0)$, $(s, t) \neq (2, 0)$ において，それぞれ，s に $3X-1$ を代入し，t に $3Y$ を代入すると，

$$(3X-1, 3Y) \neq (-2, 0), \quad (3X-1, 3Y) \neq (2, 0)$$

すなわち,

$$(X, Y) \neq \left(-\frac{1}{3}, 0\right), \quad (X, Y) \neq (1, 0) \quad \cdots ④.$$

（＊）と③，④より，点 G の軌跡は，

円 $\left(x-\dfrac{1}{3}\right)^2+\left(y-\dfrac{1}{3}\right)^2=\dfrac{5}{9}$ の 2 点 $\left(-\dfrac{1}{3}, 0\right)$ と $(1, 0)$ を除いた部分.

演習 4

xy 平面上において，原点 O と異なる点 P があり，原点 O を端点とする半直線 OP 上に OP・OQ＝1 を満たす点 Q をとる．

(1) 点 P の座標を (s, t)，点 Q の座標を (X, Y) とおく．s，t をそれぞれ X，Y を用いて表せ．

(2) 点 P が直線 $x+y-2=0$ 上を動くとき，点 Q の軌跡を求めよ．

～関連する例題：例題 3 ～

ポイント

(2)は「直線 $x+y-2=0$ 上の動点 P に伴って動く点 Q」の軌跡を求める問題である．

(1)において，点 P の座標を (s, t) とおいて，s，t をそれぞれ点 Q の x 座標と y 座標を用いて表しているので，(1)の結果と点 P が直線 $x+y-2=0$ 上を動くことから得られる s と t の関係式を利用して s，t を消去することで，(2)における点 Q の軌跡が求められる．

なお，OP・OQ＝1 より，点 Q と原点 O は一致しないので，点 Q の軌跡に原点は含まれない．このことにも注意しておきたい．

解答

(1) 点 P(s, t) は原点 O と異なる点であるから，$(s, t) \neq (0, 0)$ …①．

さらに，OP・OQ＝1 より，点 Q と原点 O は一致しないので，点 Q は原点 O を端点とする半直線 OP の原点を除いた部分 …(＊)

にある．

点 P の座標が (s, t) であることと①から，(＊)は，

$s>0$ のとき，直線 $y=\dfrac{t}{s}x$ の $x>0$ の部分，

$s<0$ のとき，直線 $y=\dfrac{t}{s}x$ の $x<0$ の部分，

$s=0$ かつ $t>0$ のとき，直線 $x=0$ の $y>0$ の部分，

$s=0$ かつ $t<0$ のとき，直線 $x=0$ の $y<0$ の部分

であり，点 Q(X, Y) が(＊)にあることから，

$s>0$ のとき，$Y=\dfrac{t}{s}X$　かつ　$X>0$　…②，

$s<0$ のとき，$Y=\dfrac{t}{s}X$　かつ　$X<0$　…③，

$s=0$ かつ $t>0$ のとき，$X=0$ かつ $Y>0$　…④，

$s=0$ かつ $t<0$ のとき，$X=0$ かつ $Y<0$　…⑤．

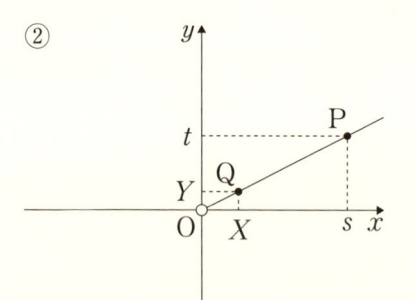

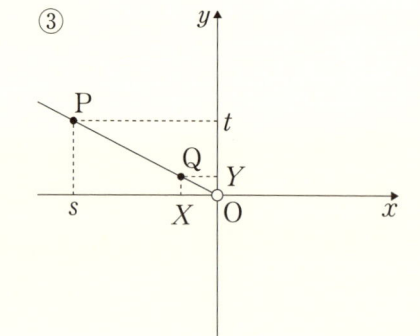

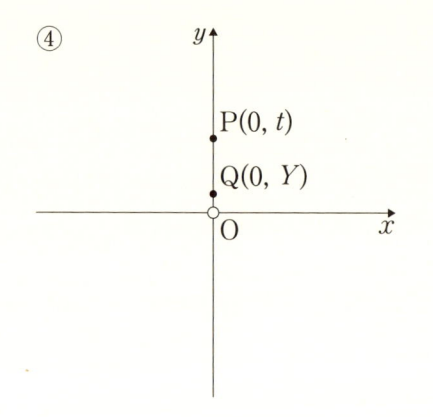

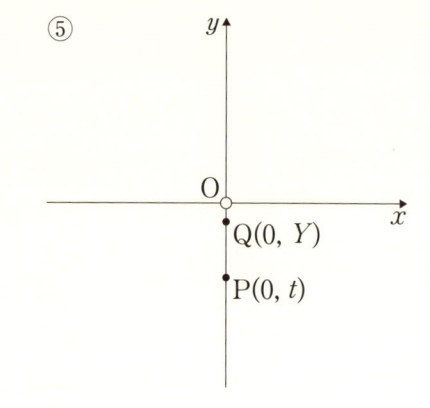

②

③

④

⑤

さらに，OP・OQ$=1$ より，$\sqrt{s^2+t^2}\cdot\sqrt{X^2+Y^2}=1$　…⑥．

以上のことから，次の（ア），（イ）の場合に分けて，s, t をそれぞれ X, Y を用いて表すことにする．

（ア）　$s\neq 0$ のとき．

②，③より「$Y=\dfrac{t}{s}X$　かつ　$X\neq 0$」であるから，$t=\dfrac{Y}{X}s$　…⑦．

⑦を⑥に代入すると，

$$\sqrt{s^2+\left(\frac{Y}{X}s\right)^2}\cdot\sqrt{X^2+Y^2}=1$$

すなわち，

$$\sqrt{\left(\frac{s}{X}\right)^2(X^2+Y^2)}\cdot\sqrt{X^2+Y^2}=1$$

であり，②，③より s と X は同符号であるから，$\frac{s}{X}>0$ となるので，

$$\frac{s}{X}\sqrt{X^2+Y^2}\cdot\sqrt{X^2+Y^2}=1$$

すなわち，

$$\frac{s}{X}(X^2+Y^2)=1.$$

さらに，②，③より $X\neq 0$ であるから，$X^2+Y^2\neq 0$ となるので，

$$s=\frac{X}{X^2+Y^2} \quad \cdots\text{⑧}.$$

⑧を⑦に代入すると，

$$t=\frac{Y}{X^2+Y^2} \quad \cdots\text{⑨}.$$

（イ） $s=0$ のとき．

④，⑤より $X=0$ であるから，$s=0$ …⑩と $X=0$ …⑪を⑥に代入すると，

$$\sqrt{t^2}\cdot\sqrt{Y^2}=1$$

すなわち，

$$\sqrt{(tY)^2}=1$$

であり，④，⑤より t と Y は同符号であるから，$tY>0$ となるので，

$$tY=1.$$

さらに，④，⑤より $Y\neq 0$ であるから，

$$t=\frac{1}{Y} \quad \cdots\text{⑫}.$$

⑩，⑪，⑫より，（イ）の場合でも，⑧，⑨のように s, t をそれぞれ X, Y を用いて表すことができる．

（ア），（イ）より，s, t をそれぞれ X, Y を用いて表すと，

51

$$s = \frac{X}{X^2+Y^2}, \quad t = \frac{Y}{X^2+Y^2}.$$

(2) 点 P の座標を (s, t), 点 Q の座標を (X, Y) とおくと, OP・OQ＝1 より, 点 Q と原点 O は一致しないので, $X^2+Y^2 \neq 0$ であり, (1)の結果より,

$$\begin{cases} s = \dfrac{X}{X^2+Y^2}, \\ t = \dfrac{Y}{X^2+Y^2}. \end{cases}$$

点 P(s, t) は直線 $x+y-2=0$ 上を動くから,

$$s+t-2=0 \quad \cdots (※).$$

(※)において, s に $\dfrac{X}{X^2+Y^2}$ を代入し, t に $\dfrac{Y}{X^2+Y^2}$ を代入すると,

$$\frac{X}{X^2+Y^2} + \frac{Y}{X^2+Y^2} - 2 = 0.$$

これより,

$$X^2+Y^2 - \frac{1}{2}X - \frac{1}{2}Y = 0$$

すなわち,

$$\left(X-\frac{1}{4}\right)^2 + \left(Y-\frac{1}{4}\right)^2 = \frac{1}{8}.$$

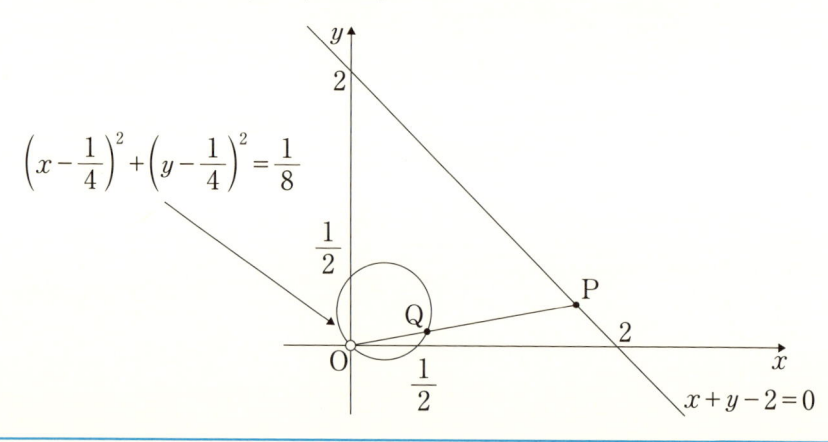

円 $\left(x-\dfrac{1}{4}\right)^2 + \left(y-\dfrac{1}{4}\right)^2 = \dfrac{1}{8}$ は原点を通るが, 点 Q と原点 O は一致しないので, 点 Q の軌跡は,

円 $\left(x-\dfrac{1}{4}\right)^2 + \left(y-\dfrac{1}{4}\right)^2 = \dfrac{1}{8}$ の原点を除いた部分.

(参考) ベクトルについての知識があれば，点 Q が原点 O を端点とする半直線 OP の原点を除いた部分にあることを踏まえて，次のように(1)の結果を導くこともできる．

【(1)の別解】

3 点 O，P(s, t)，Q(X, Y) は同一直線上にある異なる 3 点で，$\overrightarrow{OP}$ と $\overrightarrow{OQ}$ の向きは等しいから，

$$\overrightarrow{OP} = \frac{OP}{OQ} \overrightarrow{OQ}.$$

さらに，OP・OQ = 1 より，OP = $\dfrac{1}{OQ}$ であるから，

$$\overrightarrow{OP} = \frac{\frac{1}{OQ}}{OQ} \overrightarrow{OQ}$$

すなわち，

$$\overrightarrow{OP} = \frac{1}{OQ^2} \overrightarrow{OQ}.$$

$\overrightarrow{OP} = (s, t)$，$\overrightarrow{OQ} = (X, Y)$ であるから，

$$(s, t) = \frac{1}{X^2 + Y^2}(X, Y)$$

すなわち，

$$(s, t) = \left(\frac{X}{X^2 + Y^2}, \frac{Y}{X^2 + Y^2} \right).$$

したがって，

$$s = \frac{X}{X^2 + Y^2}, \quad t = \frac{Y}{X^2 + Y^2}.$$

【(1)の別解おわり】

演習 5

xy 平面上において，放物線 $C: y = x^2 - 2x + 2$ がある．また，点 $(0, 1)$ を通り，傾きが m である直線 l とする．

(1) C と l が異なる 2 点で交わるような m の値の範囲を求めよ．

(2) m が (1) で求めた範囲の値をとって変化するとき，C と l の 2 つの交点 P，Q と点 A$(0, -2)$ の 3 点を頂点とする三角形の重心 G の軌跡を求めよ．

〜関連する例題：**例題 4**〜

ポイント

(2) では，l の傾き m の値によって 2 点 P，Q の位置が定まり，それに応じて点 G の位置が定まるので，m は「点 G の位置を定めるパラメータ」である．このことから，軌跡を求める点 G の x 座標と y 座標をそれぞれパラメータ m で表すことが (2) の解決への指針となる．

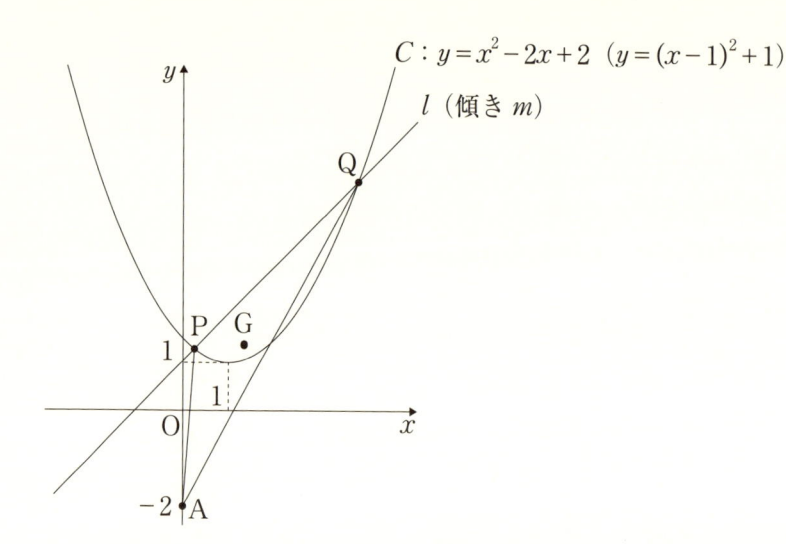

$C: y = x^2 - 2x + 2 \quad (y = (x-1)^2 + 1)$

l（傾き m）

(2) で注意すべきことは，m のとり得る値の範囲に制限があることである．これにより，点 G の x 座標がとり得る値の範囲にも制限が生じる．

▶解答◀

(1) l は点 $(0, 1)$ を通り,傾きが m である直線なので,l の方程式は $y = mx + 1$.
さらに,C の方程式は $y = x^2 - 2x + 2$ であるから,x についての2次方程式
$$x^2 - 2x + 2 = mx + 1$$
すなわち,
$$x^2 - (m+2)x + 1 = 0 \quad \cdots (*)$$
の実数解が C と l の共有点の x 座標である.

C と l が異なる2点で交わることから,($*$)は異なる2つの実数解をもつので,($*$)の判別式を D とすると $D > 0$ である.
$$D = \{-(m+2)\}^2 - 4 \cdot 1 \cdot 1$$
$$= m(m+4)$$
であるから,$D > 0$ より,
$$m(m+4) > 0.$$
したがって,C と l が異なる2点で交わるような m の値の範囲は,
$$m < -4, \quad 0 < m.$$

(2) (1)より,m は
$$m < -4, \quad 0 < m \quad \cdots (**)$$
の範囲の値をとって変化する.

また,l が点 $(0, 1)$ を通り,傾きが m である直線であることと,点 A の座標が $(0, -2)$ であることから,l が点 A を通ることはない.よって,($**$)のとき,3点 P,Q,A が同一直線上にあることはないので,3点 P,Q,A はつねに三角形をなす.

点 G の座標を (X, Y) とおく.
($**$)のとき,(1)の($*$)の実数解は $x = \dfrac{m+2 \pm \sqrt{m^2+4m}}{2}$ であるから,
$$\alpha = \dfrac{m+2-\sqrt{m^2+4m}}{2}, \quad \beta = \dfrac{m+2+\sqrt{m^2+4m}}{2} \quad \cdots (※)$$
とおくと,2点 P,Q の x 座標は α,β である.

このことと2点 P,Q が $l : y = mx + 1$ 上にあることから,2点 P,Q の座標は $(\alpha, m\alpha+1)$,$(\beta, m\beta+1)$ である.

55

点Gは3点P, Q, Aを頂点とする三角形の重心であるから,

$$\begin{cases} X = \dfrac{\alpha+\beta+0}{3}, \\ Y = \dfrac{(m\alpha+1)+(m\beta+1)+(-2)}{3} \end{cases}$$

すなわち,

$$\begin{cases} X = \dfrac{\alpha+\beta}{3}, \\ Y = \dfrac{m(\alpha+\beta)}{3} \end{cases}$$

であり, (※)より $\alpha+\beta = m+2$ であるから,

$$\begin{cases} X = \dfrac{m+2}{3} & \cdots ①, \\ Y = \dfrac{m(m+2)}{3} & \cdots ②. \end{cases}$$

①より, $m = 3X-2$ $\cdots ①'$.

①'より, ②の m に $3X-2$ を代入すると,

$$Y = \dfrac{(3X-2)\{(3X-2)+2\}}{3}$$

すなわち,

$$Y = 3X^2 - 2X \quad \cdots ③.$$

さらに, ①'より, (**)の m に $3X-2$ を代入すると,

$$3X - 2 < -4, \quad 0 < 3X - 2$$

すなわち,

$$X < -\dfrac{2}{3}, \quad \dfrac{2}{3} < X \quad \cdots ④.$$

③, ④より, 点Gの軌跡は,

放物線 $y = 3x^2 - 2x$ の $x < -\dfrac{2}{3}$, $\dfrac{2}{3} < x$ の部分.

(**参考**)　①と②を導くためには, $\alpha+\beta$ が m で表されればよい. そして, $\alpha+\beta$ は, α と β を直接求めなくても, 解と係数の関係から求めることができる. 以上のことを踏まえると, 点Gの座標を (X, Y) とおいた後, 次のようにして①と②を導くこともできる.

56

【①と②を導く別解】

(∗∗)のとき，(1)の(∗)の実数解を α, β とおくと，2点P，Qの x 座標は α, β である．

このことと2点P，Qが $l: y=mx+1$ 上にあることから，2点P，Qの座標は
$$(\alpha, m\alpha+1), \quad (\beta, m\beta+1)$$
である．

点Gは3点P，Q，Aを頂点とする三角形の重心であるから，
$$\begin{cases} X = \dfrac{\alpha+\beta+0}{3}, \\ Y = \dfrac{(m\alpha+1)+(m\beta+1)+(-2)}{3} \end{cases}$$

すなわち，
$$\begin{cases} X = \dfrac{\alpha+\beta}{3}, \\ Y = \dfrac{m(\alpha+\beta)}{3} \end{cases}$$

であり，(1)の(∗)において，解と係数の関係より $\alpha+\beta = m+2$ であるから，
$$\begin{cases} X = \dfrac{m+2}{3} & \cdots ①, \\ Y = \dfrac{m(m+2)}{3} & \cdots ②. \end{cases}$$

【①と②を導く別解おわり】

演習 6

(1) xy 平面上において，不等式 $|x|+|y| \leq 5$ が表す領域を図示せよ．

(2) x, y を実数とする．
$$|x|+|y| \leq 5 \quad \text{ならば} \quad y > \frac{1}{2}x + k$$
が真となるような定数 k の値の範囲を求めよ．

～関連する例題：**例題 5**～

ポイント

(1)では，
$$\begin{cases} x \geq 0 \text{のとき，} |x| = x, \\ x < 0 \text{のとき，} |x| = -x, \end{cases} \text{および} \begin{cases} y \geq 0 \text{のとき，} |y| = y, \\ y < 0 \text{のとき，} |y| = -y \end{cases}$$
であることを用いて，不等式 $|x|+|y| \leq 5$ が表す領域を図示することができる．

また，実数 x, y に対して，
「$|x|+|y| \leq 5$ ならば $y > \frac{1}{2}x + k$」が真である
とは，点 (x, y) が
$|x|+|y| \leq 5$ を満たすならば，$y > \frac{1}{2}x + k$ も満たす
ことであるから，(2)において，求める k の値の範囲は，
$|x|+|y| \leq 5$ が表す領域が $y > \frac{1}{2}x + k$ が表す領域に含まれるような k の値の範囲である．

解答

(1) 不等式 $|x|+|y| \leq 5$ …(∗) が表す領域を D_1 とする．D_1 を次の(ア)，(イ)，(ウ)，(エ)の場合に分けて求めることにする．

(ア) $x \geq 0$ かつ $y \geq 0$ のとき．
(∗)は，$x + y \leq 5$，すなわち，$y \leq -x + 5$ となる．

(イ) $x < 0$ かつ $y \geq 0$ のとき．
(∗)は，$(-x) + y \leq 5$，すなわち，$y \leq x + 5$ となる．

(ウ) $x < 0$ かつ $y < 0$ のとき．
(∗)は，$(-x) + (-y) \leq 5$，すなわち，$y \geq -x - 5$ となる．

（エ）　$x \geq 0$　かつ　$y < 0$ のとき．

　　　（∗）は，$x + (-y) \leq 5$，すなわち，$y \geq x - 5$ となる．

（ア），（イ），（ウ），（エ）より，D_1 は下図の斜線部分で，境界を含む．

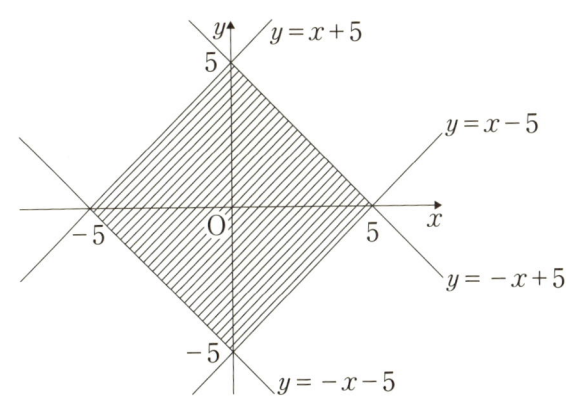

(2) 不等式 $y > \dfrac{1}{2}x + k$ が表す領域を D_2 とすると，求めるものは，(1)の D_1 が D_2 に含まれるような k の値の範囲である．

　D_2 は傾きが $\dfrac{1}{2}$，y 切片が k である直線の上側を表すので，下図から，D_1 が D_2 に含まれるための条件は，

　　　　D_2 の境界の直線の y 切片 k が -5 より小さいこと

である．

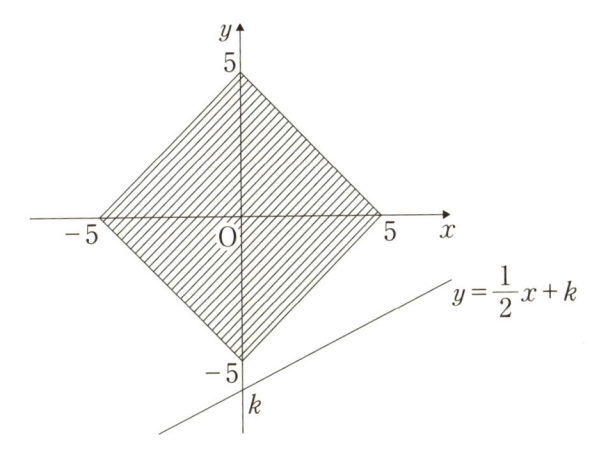

以上のことから，D_1 が D_2 に含まれるような k の値の範囲は，

$$k < -5.$$

演習 7

2つの実数 x と y は次の3つの不等式をすべて満たしながら変化する．
$$\begin{cases} y \geq 2x - 4 & \cdots \text{①}, \\ x + y - 2 \geq 0 & \cdots \text{②}, \\ y \leq \dfrac{1}{2}x + 2 & \cdots \text{③}. \end{cases}$$

(1) $2x + y$ の最大値と最小値を求めよ．

(2) $3x - y$ の最大値を求めよ．

(3) $\dfrac{y-3}{x-5}$ の最大値と最小値を求めよ．

(4) $x^2 + y^2 - 2x$ の最小値を求めよ． 〜関連する例題：**例題 6**〜

ポイント

領域を利用すると，(1)から(4)までの式についての最大値や最小値を求めることができる．

(2)では，$3x - y = k_2$ とおくと，「直線 $y = 3x - k_2$ の y 切片が最小となるとき，k_2 が最大となる」ことに注意したい．また，(3)と(4)では，それぞれ，「傾きが変化する直線と領域が共有点をもつ」様子と「半径が変化する円と領域が共有点をもつ」様子を把握することになる．

解答

xy 平面において，
$$\begin{cases} y \geq 2x - 4 & \cdots \text{①}, \\ x + y - 2 \geq 0 & \cdots \text{②}, \\ y \leq \dfrac{1}{2}x + 2 & \cdots \text{③} \end{cases}$$
が表す領域を D とする．

②は $y \geq -x + 2$ となるから，D は右図の斜線部分で，境界を含む．

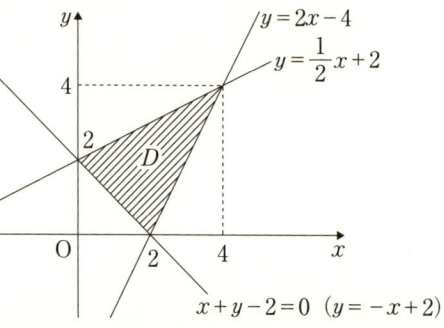

(1) 2つの実数 x と y は①，②，③をすべて満たしながら変化するから，求めるものは，点 (x, y) が D を動くときの $2x + y$ の最大値と最小値である．

$2x+y=k_1$ …④とおく.

④より, $y=-2x+k_1$ であるから, xy 平面において, ④は

　　　傾きが -2, y 切片が k_1 である直線

を表す.

よって, xy 平面において, ④が表す直線を l_1 とすると, 求めるものは, l_1 が D と共有点をもつような k_1 の最大値と最小値である.

右図より, k_1 は l_1 が点 $(4,4)$ を通るとき最大となり, このとき, ④より
$$k_1=2\cdot 4+4$$
$$=12.$$

右図より, k_1 は l_1 が点 $(0,2)$ を通るとき最小となり, このとき, ④より
$$k_1=2\cdot 0+2$$
$$=2.$$

以上のことから, k_1 の

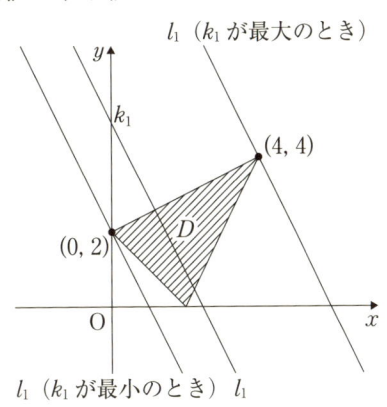

最大値は 12, 最小値は 2.

(2) 2つの実数 x と y は①, ②, ③をすべて満たしながら変化するから, 求めるものは, 点 (x, y) が D を動くときの $3x-y$ の最大値である.

$3x-y=k_2$ …⑤とおく.

⑤より, $y=3x-k_2$ であるから, xy 平面において, ⑤は

　　　傾きが 3, y 切片が $-k_2$ である直線

を表す.

よって, xy 平面において, ⑤が表す直線を l_2 とすると, 求めるものは, l_2 が D と共有点をもつような k_2 の最大値である.

ここで, l_2 の y 切片は $-k_2$ であるから, l_2 の y 切片が最小となるとき, k_2 は最大となる.

右図より, l_2 の y 切片は l_2 が点 $(4,4)$

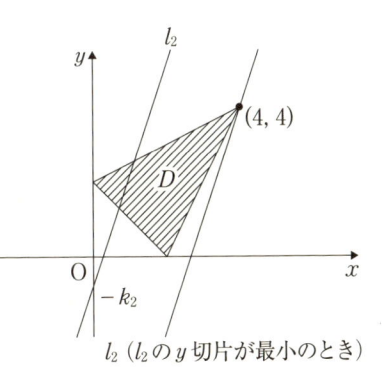

61

を通るとき最小となり，このとき，⑤より
$$k_2 = 3 \cdot 4 - 4$$
$$= 8.$$
以上のことから，k_2 の最大値は
8.

(3) 2つの実数 x と y は①，②，③をすべて満たしながら変化するから，求めるものは，点 (x, y) が D を動くときの $\dfrac{y-3}{x-5}$ の最大値と最小値である．

$\dfrac{y-3}{x-5} = k_3$ …⑥とおく．

⑥より，$y - 3 = k_3(x - 5)$ …⑥′であり，xy 平面において，⑥′は

点 $(5, 3)$ を通り，傾きが k_3 である直線

を表す．

よって，xy 平面において，⑥′が表す直線を l_3 とすると，求めるものは，l_3 が D と共有点をもつような k_3 の最大値と最小値である．

右図より，k_3 は l_3 が点 $(2, 0)$ を通るとき最大となり，このとき，⑥より
$$k_3 = \dfrac{0-3}{2-5}$$
$$= 1.$$

右図より，k_3 は l_3 が点 $(4, 4)$ を通るとき最小となり，このとき，⑥より
$$k_3 = \dfrac{4-3}{4-5}$$
$$= -1.$$

以上のことから，k_3 の

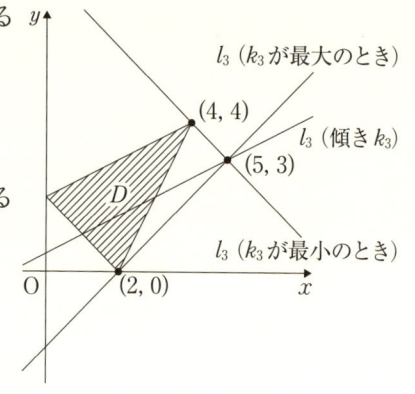

最大値は 1，最小値は -1．

(4) 2つの実数 x と y は①，②，③をすべて満たしながら変化するから，求めるものは，点 (x, y) が D を動くときの $x^2 + y^2 - 2x$ の最大値と最小値である．

$x^2 + y^2 - 2x = k_4$ …⑦とおく．

⑦より，$(x-1)^2 + y^2 = k_4 + 1$ であるから，xy 平面において，⑦が表す図形は，

$k_4+1<0$ のとき,存在しない.

$k_4+1=0$ のとき,点 $(1, 0)$.

$k_4+1>0$ のとき,点 $(1, 0)$ を中心とする半径 $\sqrt{k_4+1}$ の円

であり,求めるものは,⑦が表す図形が D と共有点をもつような k_4 の最小値である.

D は右図の斜線部分で,境界を含むから,⑦が表す図形が D と共有点をもつためには

$$k_4+1>0 \quad \cdots ⑦'$$

でなければならず,⑦'のときに⑦が表す図形を C とすると,C は点 $(1, 0)$ を中心とする半径 $\sqrt{k_4+1}$ の円であるから,C の半径が最小となるとき,k_4 は最小となる.

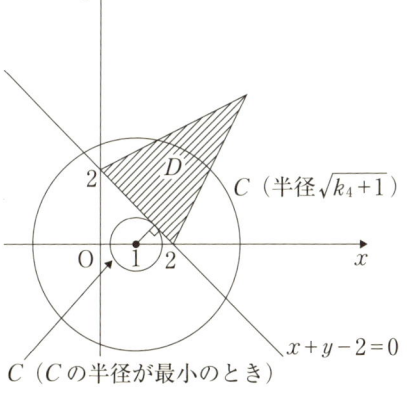

右上の図より,C の半径は C と直線 $x+y-2=0$ が接するとき,最小となる.

C と直線 $x+y-2=0$ が接するための条件は

　　C の中心と直線 $x+y-2=0$ の距離が C の半径と等しい

ことであるから,k_4 が最小となるとき,

$$\frac{|1+0-2|}{\sqrt{1^2+1^2}}=\sqrt{k_4+1}$$

すなわち,

$$\frac{1}{\sqrt{2}}=\sqrt{k_4+1}.$$

これより,

$$\frac{1}{2}=k_4+1$$

すなわち,

$$k_4=-\frac{1}{2}$$

であり,これは⑦'を満たすから,k_4 の最小値は

$$-\frac{1}{2}.$$

演習 8

2つの実数 x と y は次の2つの不等式をともに満たしながら変化する．
$$\begin{cases} y \geq x & \cdots ① \\ (x-3)^2 + (y-4)^2 \leq 5 & \cdots ② \end{cases}$$

(1) $y - 2x$ の最大値を求めよ．

(2) a を実数の定数とする．$y - ax$ の最大値を a を用いて表せ．

〜関連する例題：例題 6 〜

ポイント

領域を利用すると，(1)，(2)の式についての最大値を求めることができる．

(2)では，$y - ax = m$ とおいた後，a の値が円 $(x-3)^2 + (y-4)^2 = 5$ の点 $(5, 5)$ における接線の傾きより大きいか小さいかによって，m が最大となるときの状況が異なることを把握することが，解決への糸口となる．そして，その結果，m の最大値を a の値の範囲で分類して求めることになる．

▶解答◀

円 $(x-3)^2 + (y-4)^2 = 5$ を C とする．C の中心の座標は $(3, 4)$，半径は $\sqrt{5}$ である．

また，xy 平面において，
$$\begin{cases} y \geq x & \cdots ① \\ (x-3)^2 + (y-4)^2 \leq 5 & \cdots ② \end{cases}$$
が表す領域を D とする．

D は右図の斜線部分で，境界を含む．

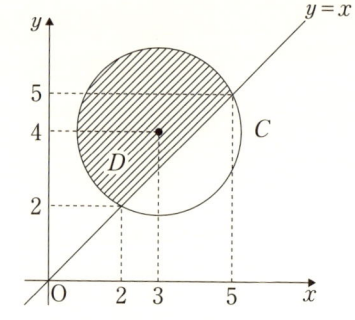

(1) 2つの実数 x と y は①，②をともに満たしながら変化するから，求めるものは，点 (x, y) が D を動くときの $y - 2x$ の最大値である．

$y - 2x = k$ $\cdots ③$ とおく．

③より，$y = 2x + k$ であるから，xy 平面において，③は

傾きが 2，y 切片が k である直線

を表す.

よって，xy 平面において，③が表す直線を l とすると，求めるものは，l が D と共有点をもつような k の最大値である．

下図より，「k の最大値は，C と l が接するような k の値のうち，大きい方の値 …(*)」である．

さらに，l の方程式を整理すると $2x-y+k=0$ であり，C と l が接するための条件は

C の中心と l の距離が C の半径と等しい

ことであるから，k が最大となるとき，

$$\frac{|2\cdot 3-4+k|}{\sqrt{2^2+(-1)^2}}=\sqrt{5}$$

すなわち,

$$\frac{|k+2|}{\sqrt{5}}=\sqrt{5} \quad \cdots ③'.$$

③′ より,

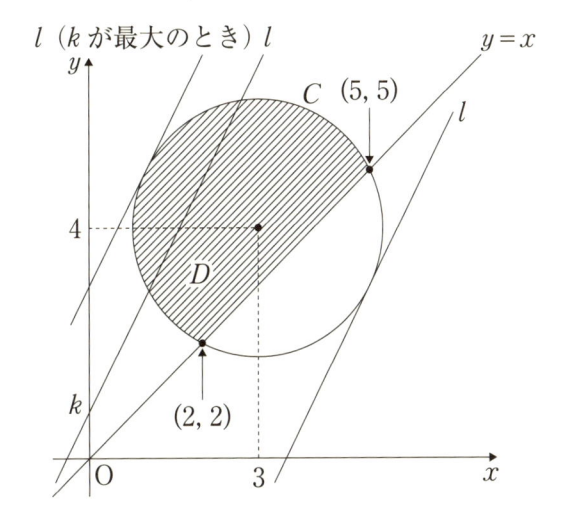

$$|k+2|=5$$

すなわち,

$$k+2=\pm 5.$$

これより,

$$k = -7, \ 3.$$

（＊）より，k の最大値は

$$3.$$

(2) 2つの実数 x と y は①，②をともに満たしながら変化するから，求めるものは，点 (x, y) が D を動くときの $y - ax$ の最大値である．

$$y - ax = m \quad \cdots ④$$

とおく．

④より，$y = ax + m$ であるから，xy 平面において，④は

傾きが a，y 切片が m である直線

を表す．

よって，xy 平面において，④が表す直線を l' とすると，求めるものは，l' が D と共有点をもつような m の最大値である．

ここで，C の中心 $(3, 4)$ と点 $(5, 5)$ を通る直線の傾きは

$$\frac{5-4}{5-3} = \frac{1}{2}$$

であり，C の中心 $(3, 4)$ と点 $(5, 5)$ を通る直線と C の点 $(5, 5)$ における接線は垂直であるから，C の点 $(5, 5)$ における接線の傾きは -2 である．

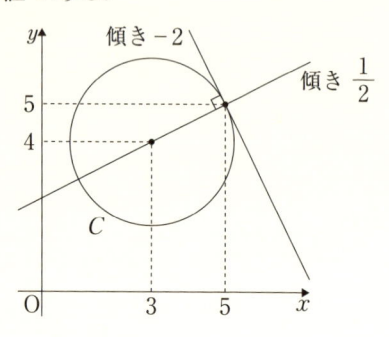

以上のことから，m の最大値を

(ア) l' の傾きが -2 以下であるとき，

(イ) l' の傾きが -2 より大きいとき

の2つの場合に分けて求めることにする．

(ア) l' の傾きが -2 以下であるとき，すなわち，$a \leqq -2$ のとき．

次の図より，m は l' が点 $(5, 5)$ を通るとき最大となり，このとき，④より

$$m = 5 - a \cdot 5$$
$$= -5a + 5.$$

よって，m の最大値は

$$-5a + 5.$$

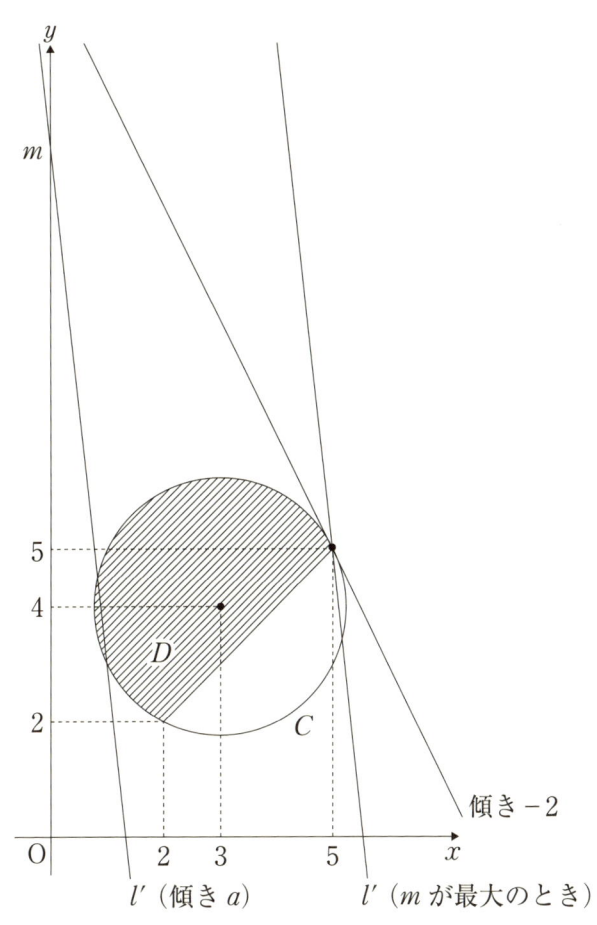

(イ) l' の傾きが -2 より大きいとき,すなわち,$a > -2$ のとき.

次の図より,「m の最大値は,C と l' が接するような m の値のうち,大きい方の値 …(∗)′」である.

さらに,l' の方程式を整理すると $ax - y + m = 0$ であり,C と l' が接するための条件は

C の中心と l' の距離が C の半径と等しい

ことであるから,m が最大となるとき,

$$\frac{|a \cdot 3 - 4 + m|}{\sqrt{a^2 + (-1)^2}} = \sqrt{5}$$

すなわち,

$$\frac{|m+3a-4|}{\sqrt{a^2+1}}=\sqrt{5} \quad \cdots ④'.$$

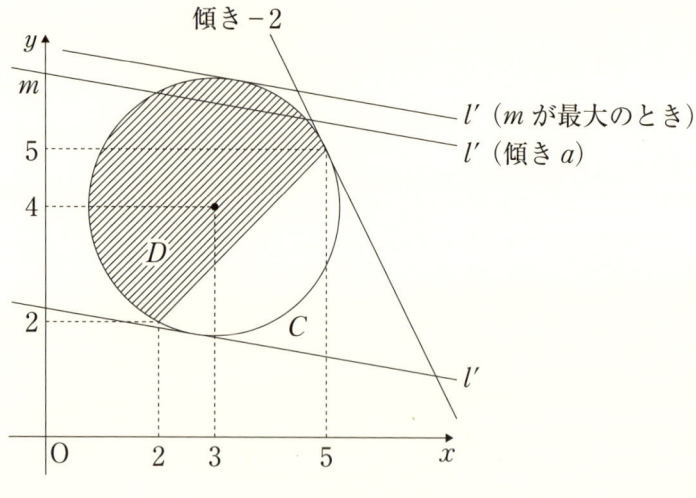

傾き -2

l'（m が最大のとき）
l'（傾き a）
l'

④' より，
$$|m+3a-4|=\sqrt{5(a^2+1)}$$

すなわち，
$$m+3a-4=\pm\sqrt{5(a^2+1)}.$$

これより，
$$m=-3a+4\pm\sqrt{5(a^2+1)}.$$

(＊)' より，m の最大値は
$$-3a+4+\sqrt{5(a^2+1)}.$$

(ア), (イ) より, m の最大値は
$$\begin{cases} -5a+5 & (a\leqq -2\ \text{のとき}), \\ -3a+4+\sqrt{5(a^2+1)} & (a>-2\ \text{のとき}). \end{cases}$$

演習 9

t を実数の定数とする．xy 平面上において，直線 $l: y = -2tx + t^2$ と 3 点 A(2, 5)，B(1, 0)，C(3, -5) がある．三角形 ABC の周および内部と l が共有点をもたないような t の値の範囲を求めよ．

〜関連する例題：例題 7 〜

ポイント

三角形 ABC の周および内部と l が共有点をもたないための条件は，3 点 A，B，C がいずれも l に関して同じ側にあることである．

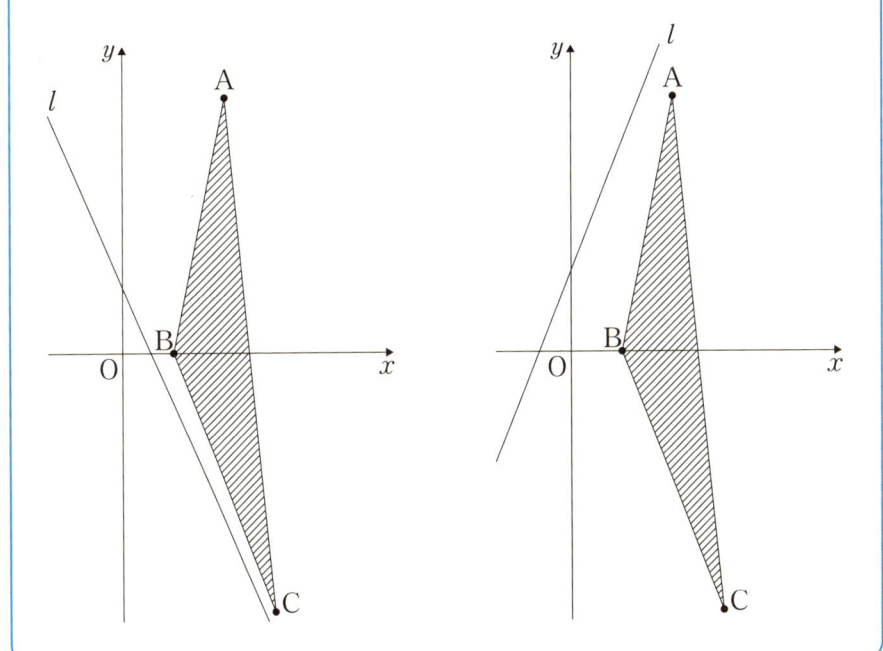

▶ 解答 ◀

l の方程式が $y = -2tx + t^2$ であることから，

l の上側を表す不等式は，$y > -2tx + t^2$ …①，

l の下側を表す不等式は，$y < -2tx + t^2$ …②

である．

三角形 ABC の周および内部と l が共有点をもたないための条件は，

「3点 A, B, C がいずれも l の上側にあること」

または

「3点 A, B, C がいずれも l の下側にあること」

であるから，3点 A, B, C の座標が，それぞれ (2, 5), (1, 0), (3, −5) であることと①，②より，三角形 ABC の周および内部と l が共有点をもたないための条件は，t が

$$\begin{cases} 5 > -2t \cdot 2 + t^2, \\ 0 > -2t \cdot 1 + t^2, \\ -5 > -2t \cdot 3 + t^2 \end{cases} \quad \text{または} \quad \begin{cases} 5 < -2t \cdot 2 + t^2, \\ 0 < -2t \cdot 1 + t^2, \\ -5 < -2t \cdot 3 + t^2 \end{cases}$$

を満たすことである．

このことから，

$$\begin{cases} (t+1)(t-5) < 0, \\ t(t-2) < 0, \\ (t-1)(t-5) < 0 \end{cases} \quad \text{または} \quad \begin{cases} (t+1)(t-5) > 0, \\ t(t-2) > 0, \\ (t-1)(t-5) > 0 \end{cases}$$

すなわち，

$1 < t < 2$　または　「$t < -1$　または　$5 < t$」．

したがって，三角形 ABC の周および内部と l が共有点をもたないような t の値の範囲は，

$t < -1$, $1 < t < 2$, $5 < t$.

演習 10

(1) 3つの実数 x, y, t が,
$$x = \frac{1}{1+t^2} \quad \text{かつ} \quad y = \frac{t}{1+t^2}$$
を満たすならば,
$$x \neq 0 \quad \text{かつ} \quad t = \frac{y}{x}$$
が成り立つことを証明せよ.

(2) xy 平面上において, t がすべての実数値をとりながら変化するとき,
$$\begin{cases} x = \dfrac{1}{1+t^2} & \cdots \text{①}, \\ y = \dfrac{t}{1+t^2} & \cdots \text{②} \end{cases}$$
によって定まる点 $P(x, y)$ の軌跡を求めよ.

〜関連する例題：例題 2〜

ポイント

(2)では, t を消去して x と y の関係式を求めることが目的になる. その際, ①, ②の右辺の分母がともに $1+t^2$ であることに着目すると, ①と②から t について解かれた式である $t = \dfrac{y}{x}$ を得ることができ, その式を利用して t を消去することができる.

このように, ①, ②のいずれか一方から t について解かれた式を得るのではなく, ①, ②の両方から t について解かれた式を得ることで, t を消去して x と y の関係式を求めるという軌跡の求め方を(2)を通じて確認しておこう.

なお, (1)は, ①と②から t について解かれた式を得る過程を示すことができるかという問いかけであり, (2)のヒントになっている問いである.

▶ 解答 ◀

(1)（証明）

t は実数であるから，$t^2 \geqq 0$ である．よって，$1+t^2 > 0$ である．

このことと $x = \dfrac{1}{1+t^2}$ より，$x > 0$ であるから，

$$x \neq 0$$

が成り立つ．

また，$y = \dfrac{t}{1+t^2}$ より $t \cdot \dfrac{1}{1+t^2} = y$ であるから，このことと $x = \dfrac{1}{1+t^2}$ より，

$$tx = y$$

が成り立ち，さらに，$x \neq 0$ であることから，

$$t = \dfrac{y}{x}$$

が成り立つ．

以上のことから，3つの実数 x，y，t が，

$$x = \dfrac{1}{1+t^2} \quad \text{かつ} \quad y = \dfrac{t}{1+t^2}$$

を満たすならば，

$$x \neq 0 \quad \text{かつ} \quad t = \dfrac{y}{x}$$

が成り立つ． (証明終)

(2) (1)より，

$$\begin{cases} x = \dfrac{1}{1+t^2} & \cdots ① \\ y = \dfrac{t}{1+t^2} & \cdots ② \end{cases}$$

から，

$$x \neq 0 \quad \cdots ③ \quad \text{かつ} \quad t = \dfrac{y}{x} \quad \cdots ④$$

となる．

④より，①の t に $\dfrac{y}{x}$ を代入すると，

$$x = \dfrac{1}{1+\left(\dfrac{y}{x}\right)^2}$$

すなわち，

$$x = \dfrac{x^2}{x^2+y^2}.$$

72

これより，
$$x\left(1-\frac{x}{x^2+y^2}\right)=0$$
すなわち，
$$x=0 \quad \text{または} \quad 1-\frac{x}{x^2+y^2}=0$$
となるが，③より $x \neq 0$ であるから，
$$1-\frac{x}{x^2+y^2}=0$$
すなわち，
$$x^2+y^2-x=0.$$
これを整理すると，
$$\left(x-\frac{1}{2}\right)^2+y^2=\frac{1}{4}.$$
円 $\left(x-\frac{1}{2}\right)^2+y^2=\frac{1}{4}$ において，x 座標が 0 となる点は原点のみである．このことと③より，点 P の軌跡は，

円 $\left(x-\frac{1}{2}\right)^2+y^2=\frac{1}{4}$ の原点を除いた部分．

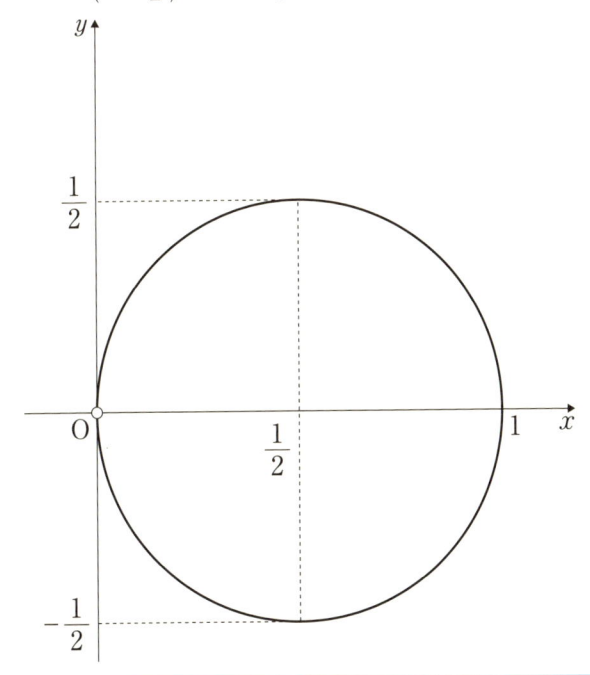

(参考)　(2)の解答では，「①かつ②」ならば「③かつ④」が成り立つことを踏まえて，t がすべての実数値をとりながら変化するとき，「①かつ③かつ④」によって定まる点 (x, y) の軌跡を求めることで，点Pの軌跡を求めている．

「①かつ②」ならば「③かつ④」が成り立つことは(1)で証明したとおりであり，それによって，

$$\text{「①かつ②」ならば「①かつ③かつ④」}$$

が成り立つといえるが，これは，t がすべての実数値をとりながら変化するとき，

$$\text{「①かつ②」によって定まる点 P}(x, y) \text{ の軌跡}$$

は，

$$\text{「①かつ③かつ④」によって定まる点 }(x, y)\text{ の軌跡に含まれる}$$

ということを示しているに過ぎない．

したがって，点Pの軌跡を求めるためには，t がすべての実数値をとりながら変化するとき，『「①かつ③かつ④」によって定まる点 (x, y) の軌跡のどの部分が点Pの軌跡なのか　…(∗)』を調べなければならない．

【(∗)を調べる過程】

3つの実数 x, y, t が

$$x = \frac{1}{1+t^2} \quad \text{…①} \quad \text{かつ} \quad x \neq 0 \quad \text{…③} \quad \text{かつ} \quad t = \frac{y}{x} \quad \text{…④}$$

を満たすとする．

④より，

$$y = tx$$

であり，さらに，①より，

$$y = t \cdot \frac{1}{1+t^2}$$

すなわち，

$$y = \frac{t}{1+t^2} \quad \text{…②}$$

が成り立つ．

以上のことから，3つの実数 x, y, t が，

$$x = \frac{1}{1+t^2} \quad \text{…①} \quad \text{かつ} \quad x \neq 0 \quad \text{…③} \quad \text{かつ} \quad t = \frac{y}{x} \quad \text{…④}$$

を満たすならば，

$$y = \frac{t}{1+t^2} \quad \text{…②}$$

が成り立つ．

これより，「①かつ③かつ④」ならば「①かつ②」が成り立つので，t がすべての実数値をとりながら変化するとき，

　　　　　「①かつ③かつ④」によって定まる点 (x, y) の軌跡
は，
　　　　　「①かつ②」によって定まる点 $P(x, y)$ の軌跡に含まれる．
　したがって，点 P の軌跡は，t がすべての実数値をとりながら変化するとき，
　　　　　「①かつ③かつ④」によって定まる点 (x, y) の軌跡全体
である．
【(∗)を調べる過程おわり】

　以上のことから，t がすべての実数値をとりながら変化するとき，「①かつ③かつ④」によって定まる点 (x, y) の軌跡が点 P の軌跡であるとわかる．(2)の解答は(∗)を調べたことを詳細に記述していないが，(∗)を調べてはじめて点 P の軌跡が求まったといえるのである．

◆ 軌跡を求める際の式変形の注意点

　例題 1，演習 1，演習 10 の(参考)に記した内容をまとめると，軌跡を求めるために式変形をする際には，「変形した後の式によって表される軌跡が，変形する前の式によって表される軌跡に含まれること」を確認しないと，「求める軌跡を含んではいるが，求める軌跡とは異なる軌跡」が求まってしまうことがあるということである．
　このことの確認として，演習 10 の(2)の誤答例を挙げておくことにする．
【演習 10 の(2)の誤答例】
　演習 10 の(1)より，

$$\begin{cases} x = \dfrac{1}{1+t^2} & \cdots ① \\ y = \dfrac{t}{1+t^2} & \cdots ② \end{cases}$$

から，

$$x \neq 0 \quad \cdots ③ \quad かつ \quad t = \frac{y}{x} \quad \cdots ④$$

となる．
　④より，②の t に $\dfrac{y}{x}$ を代入すると，

$$y = \frac{\dfrac{y}{x}}{1+\left(\dfrac{y}{x}\right)^2}$$

すなわち，

$$y = \frac{xy}{x^2+y^2}.$$

　これより，

$$y\left(1 - \frac{x}{x^2+y^2}\right) = 0$$

すなわち，

$$y = 0 \quad または \quad 1 - \frac{x}{x^2+y^2} = 0.$$

　これを整理すると，

$$y = 0 \quad または \quad \left(x - \frac{1}{2}\right)^2 + y^2 = \frac{1}{4} \quad \cdots (※).$$

直線 $y=0$ と円 $\left(x-\dfrac{1}{2}\right)^2+y^2=\dfrac{1}{4}$ において，x 座標が 0 となる点は，いずれの図形おいても，原点のみである．このことと③，および，（※）より，点 P の軌跡は，

直線 $y=0$ と円 $\left(x-\dfrac{1}{2}\right)^2+y^2=\dfrac{1}{4}$ の和集合から原点を除いた部分．

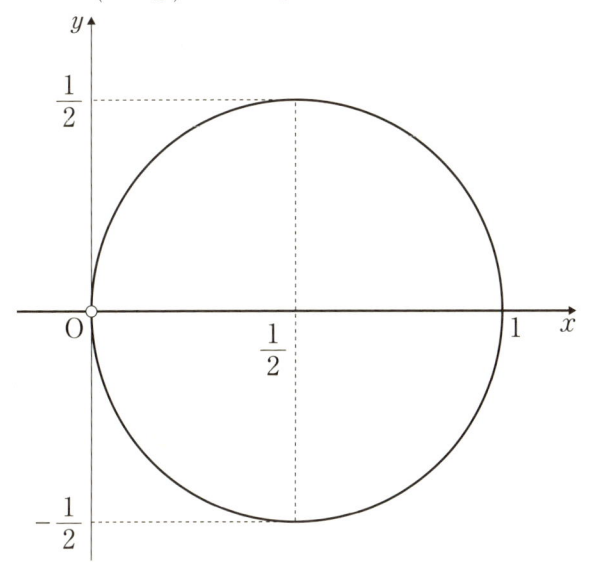

【**演習** 10 の(2)の誤答例おわり】

この誤答例では，t がすべての実数値をとりながら変化するとき，「②かつ③かつ④」によって定まる点 (x, y) の軌跡を求めることで，点 P の軌跡を求めたという記述をしているが，『t がすべての実数値をとりながら変化するとき，「②かつ③かつ④」によって定まる点 (x, y) の軌跡』が点 P の軌跡であるという認識が誤りである．この誤りについて，検証してみることにする．

【**演習** 10 の(2)の誤答例の検証】

「①かつ②」ならば「③かつ④」が成り立つことは**演習** 10 の(1)で証明したとおりであり，それによって，

「①かつ②」ならば「②かつ③かつ④」

が成り立つといえるが，これは，t がすべての実数値をとりながら変化するとき，

「①かつ②」によって定まる点 P(x, y) の軌跡

は，

「②かつ③かつ④」によって定まる点 (x, y) の軌跡に含まれるということを示しているに過ぎない．

そして，3つの実数 x, y, t において，$(x, y, t) = (2, 0, 0)$ のように，「②かつ③かつ④」は満たすが「①かつ②」は満たさないものが存在することから，
「②かつ③かつ④」ならば「①かつ②」
は成り立たない．

よって，t がすべての実数値をとりながら変化するとき，
「②かつ③かつ④」によって定まる点 (x, y) の軌跡
は，
「①かつ②」によって定まる点 P(x, y) の軌跡に含まれない．

したがって，『t がすべての実数値をとりながら変化するとき，「②かつ③かつ④」によって定まる点 (x, y) の軌跡』は，点 P の軌跡を含んではいるが，点 P の軌跡に属さない点も含んでいるので，『t がすべての実数値をとりながら変化するとき，「②かつ③かつ④」によって定まる点 (x, y) の軌跡』は点 P の軌跡でない．

【演習 10 の(2)の誤答例の検証おわり】

以上のことから，「どのように式変形をしていくか」という意図と，「変形した後の式によって表される軌跡が，変形する前の式によって表される軌跡に含まれているか」，すなわち，「変形した後の式が成り立つとき，変形する前の式も成り立つか」ということの確認が，軌跡を求めるための式変形の際に大切になることがわかるであろう．

演習 10 の(2)の ▶解答◀ で，『t がすべての実数値をとりながら変化するとき，「①かつ③かつ④」によって定まる点 (x, y) の軌跡』を求めるという方針が立ったのも，「①，②から t について解かれた式を得たい」という意図があっただけでなく，①，③，④に着目すれば，『「①かつ③かつ④」が成り立つとき，「①かつ②」も成り立つ』といえることを確認したからである．

後　編
パラメータが存在するための条件

〜後編で学ぶ内容〜

　後編ではパラメータが存在するための条件によって，軌跡・領域，および，関数の値域を求めるという手法を学ぶ．

　後編では3題の例題と10題の演習を取り上げる．以下，後編について確認してほしいことをまとめておく．

・**例題**について

　3題の例題すべての解答・解説のページには，最初にその例題のテーマが記されている．そして，　はじめに　という導入の欄があり，その後，例をいくつか提示してから　ポイント　，▶解答◀へと続くという流れで例題を分析している．

　後編の例題はじっくり一つ一つ分析してほしいものばかりなので，一つ一つの例題の解答・解説に対して多くのページを割いている．

・**演習**について

　例題の解答・解説のページの　はじめに　，（例），　ポイント　を意識しながら，演習に取り組んでほしい．

例 題

直線の通過領域

例題 8

xy 平面上において，直線 $l: y = tx + t^2 + 1$ がある．t がすべての実数値をとりながら変化するとき，l が通過する領域を図示せよ．

2直線の交点の軌跡

例題 9

xy 平面上において，2直線
$$l: tx - y - 1 = 0,$$
$$m: (t+1)x + (t-1)y - t - 1 = 0$$
がある．t がすべての実数値をとりながら変化するとき，l と m の交点の軌跡を求めよ．

関数の値域

例題 10

関数 $y = \dfrac{x}{x^2+1}$ において，x がすべての実数値をとりながら変化するとき，y のとり得る値の範囲を求めよ．

直線の通過領域

例題 8

xy 平面上において，直線 $l: y = tx + t^2 + 1$ がある．t がすべての実数値をとりながら変化するとき，l が通過する領域を図示せよ．

はじめに

まず，パラメータ t の値を定めることで，l が定まることを確認しておこう．

例えば，

$t = -1$ とすると，l は直線 $y = -x + 2$ を表し，
$t = 0$ とすると，l は直線 $y = 1$ を表し，
$t = 2$ とすると，l は直線 $y = 2x + 5$ を表す．

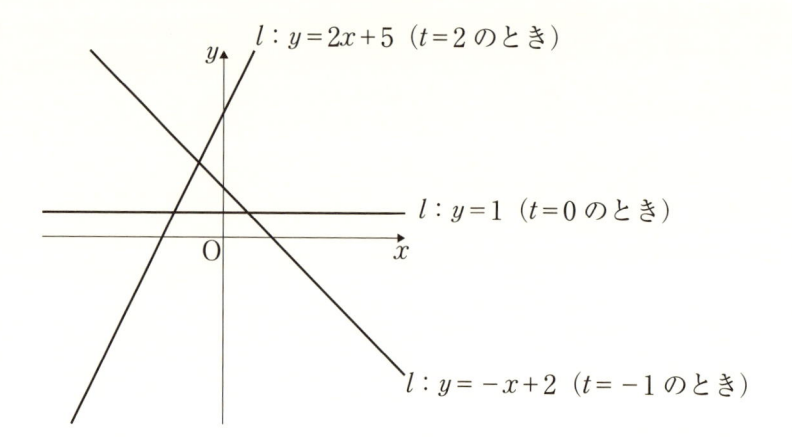

しかしながら，このように t の値を変化させていって l が通過する領域を求めるのは大変面倒である．そういうときは，t の値を変化させるのではなく，xy 平面上のすべての点に対して，「l が通過する領域に属するか？」と問いかけてみるとよい．次の **(例1)** から **(例3)** を見てみよう．

例題 8

(例1)　点 $(-2, 1)$ は l が通過する領域に属するか？

点 $(-2, 1)$ が l 上の点になり得るかを調べるために，l の方程式
$$y = tx + t^2 + 1$$
に $x = -2$，$y = 1$ を代入すると，
$$1 = t \cdot (-2) + t^2 + 1.$$
これを整理すると，
$$t^2 - 2t = 0.$$
この t についての 2 次方程式を解くと，$t = 0, 2$ となるから，$t = 0$, あるいは，$t = 2$ とすれば，点 $(-2, 1)$ を通るような l が定まるとわかる．

以上のことから，**点 $(-2, 1)$ は l が通過する領域に属する**．

(例2)　点 $(2, 0)$ は l が通過する領域に属するか？

点 $(2, 0)$ が l 上の点になり得るかを調べるために，l の方程式
$$y = tx + t^2 + 1$$
に $x = 2$，$y = 0$ を代入すると，
$$0 = t \cdot 2 + t^2 + 1.$$
これを整理すると，
$$t^2 + 2t + 1 = 0.$$
この t についての 2 次方程式を解くと，$t = -1$ となるから，$t = -1$ とすれば，点 $(2, 0)$ を通るような l が定まるとわかる．

以上のことから，**点 $(2, 0)$ は l が通過する領域に属する**．

(例3)　点 $(0, 0)$ は l が通過する領域に属するか？

点 $(0, 0)$ が l 上の点になり得るかを調べるために，l の方程式
$$y = tx + t^2 + 1$$
に $x = 0$，$y = 0$ を代入すると，
$$0 = t \cdot 0 + t^2 + 1.$$
これを整理すると，
$$t^2 + 1 = 0.$$
この t についての 2 次方程式は実数解をもたないから，t がどのような実

後編　パラメータが存在するための条件

数値をとっても，点 $(0, 0)$ を通るような l は定まらないとわかる．

以上のことから，**点 $(0, 0)$ は l が通過する領域に属さない**．

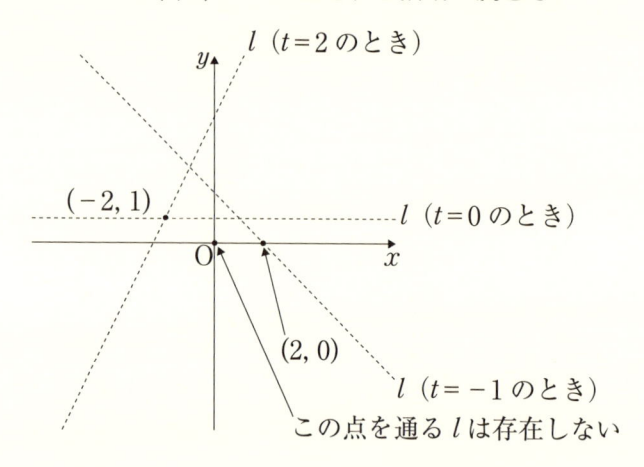

（図：l（$t=2$のとき），l（$t=0$のとき），l（$t=-1$のとき），$(-2, 1)$，$(2, 0)$ この点を通る l は存在しない）

以上のことを踏まえて，次の **ポイント** を確認してほしい．

ポイント

xy 平面上の点 (X, Y) に対して，「l が通過する領域に属するか？」と問いかけたとき，

「$Y=tX+t^2+1$ を満たす実数 t が存在する」ならば「属する」，

「$Y=tX+t^2+1$ を満たす実数 t が存在しない」ならば「属さない」

という回答が得られる．

したがって，**l が通過する領域は，「$Y=tX+t^2+1$ を満たす実数 t が存在するような点 (X, Y) の集合」として求められる**．

▶ **解答** ◀

t はすべての実数値をとりながら変化するから，xy 平面上の点 (X, Y) が l が通過する領域に属するための条件は，

$$Y=tX+t^2+1 \quad \cdots ①$$

を満たす実数 t が存在することである．

①を t について整理すると，$t^2+Xt-Y+1=0$ …②であるから，①を満たす実数 t が存在するための条件は，

t についての 2 次方程式②が実数解をもつこと，すなわち，②の判別式を D とすると，
$$D \geqq 0$$
となることである．
$$\begin{aligned} D &= X^2 - 4 \cdot 1 \cdot (-Y+1) \\ &= X^2 + 4Y - 4 \end{aligned}$$
であるから，$D \geqq 0$ より，
$$X^2 + 4Y - 4 \geqq 0$$
すなわち，
$$Y \geqq -\frac{1}{4}X^2 + 1 \quad \cdots ③.$$
以上のことから，③を満たす xy 平面上の点 (X, Y) の集合が，l が通過する領域である．

したがって，l が通過する領域は下図の斜線部分で，境界を含む．

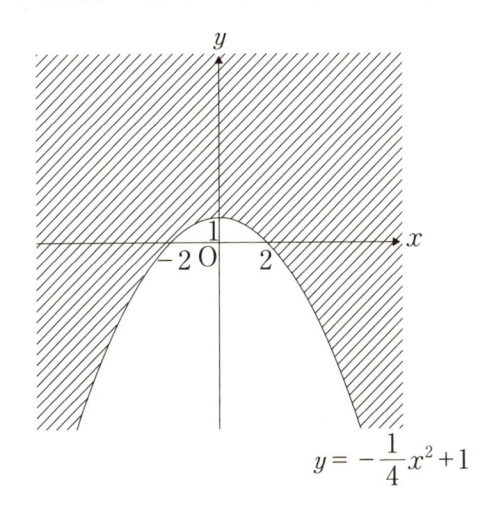

（参考） l が通過する領域を「x を 1 つの値に定めたときに，y のとり得る値の範囲を求める」という方針で求めることもできる．

【別解】
　まず，k を実数の定数とし，直線 $x=k$ 上において，l が通過する領域を求める．
　l の方程式 $y=tx+t^2+1$ において，$x=k$ とすると，
$$y=tk+t^2+1$$
すなわち，
$$y=t^2+kt+1$$
となり，k が実数の定数であることから，y は t についての 2 次関数である．
$y=t^2+kt+1$ より，
$$y=\left(t+\frac{k}{2}\right)^2-\frac{1}{4}k^2+1 \quad \cdots(*)$$
となり，t がすべての実数値をとりながら変化することから，（*）より，y のとり得る値の範囲は，
$$y \geq -\frac{1}{4}k^2+1.$$
よって，直線 $x=k$ 上において，l が通過する領域は下図の太線部分である．

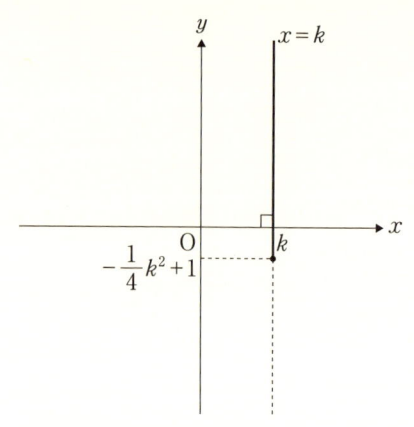

　次に，k をすべての実数値をとるように変化させる．このことにより，l が通過する領域は次の図の縦線部分で，境界を含む．

例題 8

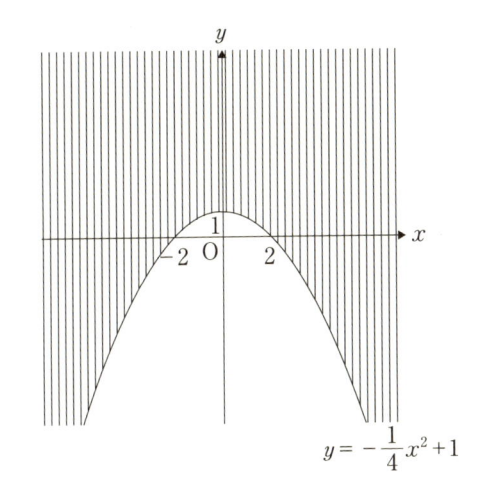

[図: 放物線 $y=-\dfrac{1}{4}x^2+1$ とその上方領域を塗りつぶしたもの]

【別解おわり】

なお，【別解】の($*$)のように，lの方程式 $y=tx+t^2+1$ の右辺を t について平方完成することにより，lの変化を視覚的に捉えることもできる．

$y=tx+t^2+1$，すなわち，$y=t^2+xt+1$ の右辺を t について平方完成すると，

$$y=\left(t+\dfrac{x}{2}\right)^2-\dfrac{1}{4}x^2+1 \quad \cdots(*)'$$

となる．

　($*$)'の右辺が $\left(t+\dfrac{x}{2}\right)^2$ と $-\dfrac{1}{4}x^2+1$ の和であることに着目すると，放物線 $y=-\dfrac{1}{4}x^2+1$ における接線が l であることがわかる．…(注)

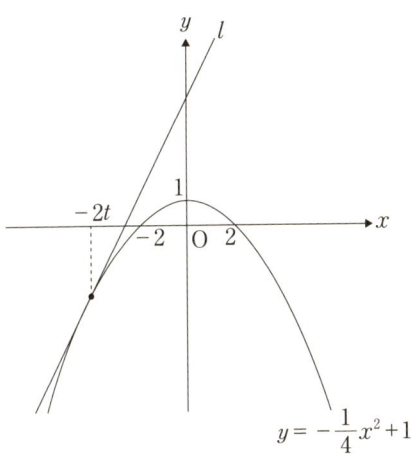

[図: 放物線 $y=-\dfrac{1}{4}x^2+1$ とその接線 l，接点の x 座標 $-2t$]

後編　パラメータが存在するための条件

87

このことから，t がすべての実数値をとりながら変化するとき，l が通過する領域は，

放物線 $y=-\dfrac{1}{4}x^2+1$ の上側，および，放物線 $y=-\dfrac{1}{4}x^2+1$ 上となることが予想できる．

【(注) についての補足】

x についての2次方程式
$$-\dfrac{1}{4}x^2+1=\left(t+\dfrac{x}{2}\right)^2-\dfrac{1}{4}x^2+1 \quad\cdots(**)$$

の実数解が，放物線 $y=-\dfrac{1}{4}x^2+1$ と $l:y=\left(t+\dfrac{x}{2}\right)^2-\dfrac{1}{4}x^2+1$ の共有点の x 座標であり，(**)を整理すると，
$$\left(t+\dfrac{x}{2}\right)^2=0$$

となることから，(**)の解は
$$x=-2t$$

である．

以上のことから，放物線 $y=-\dfrac{1}{4}x^2+1$ と l は x 座標が $-2t$ である点において接することがわかる．

【(注) についての補足おわり】

後編 パラメータが存在するための条件

次ページへ続く

2直線の交点の軌跡

例題 9

xy 平面上において,2直線
$$l : tx - y - 1 = 0,$$
$$m : (t+1)x + (t-1)y - t - 1 = 0$$
がある.t がすべての実数値をとりながら変化するとき,l と m の交点の軌跡を求めよ.

はじめに

まず,パラメータ t の値を定めることで,l と m の交点が定まることを確認しておこう.

そして,例題 8 の ▶解答◀ の手法と同じく,xy 平面上のすべての点に対して,「l と m の交点の軌跡に属するか?」と問いかけてみることにより,l と m の交点の座標を求めることなく,l と m の交点の軌跡を求めることができる.

「l と m の交点」とは「l 上にも m 上にもある点」であることを踏まえて,次の (例1) から (例4) を見てみよう.

(例1) 点 $(1, 0)$ は l と m の交点の軌跡に属するか?

点 $(1, 0)$ が l と m の交点になり得るかを調べるために,l の方程式と m の方程式にそれぞれ $x = 1$, $y = 0$ を代入すると,
$$t \cdot 1 - 0 - 1 = 0 \quad \cdots (a), \quad (t+1) \cdot 1 + (t-1) \cdot 0 - t - 1 = 0 \quad \cdots (b).$$

(a) より,$t = 1$ であるから,$t = 1$ とすれば,点 $(1, 0)$ を通るような l が定まるとわかる.

よって,$t = 1$ のときに定まる m が点 $(1, 0)$ を通れば,点 $(1, 0)$ が l と m の交点になり得るといえる.

そして,$t = 1$ のとき,(b) の左辺は 0 になるから,$t = 1$ のとき,(b) は成り立つ.よって,$t = 1$ のときに定まる m は点 $(1, 0)$ を通るとわかる.

以上のことから，**点 $(1, 0)$ は l と m の交点の軌跡に属する**．

(例2)　点 $(1, 1)$ は l と m の交点の軌跡に属するか？

点 $(1, 1)$ が l と m の交点になり得るかを調べるために，l の方程式と m の方程式にそれぞれ $x=1$，$y=1$ を代入すると，
$$t \cdot 1 - 1 - 1 = 0 \quad \cdots \text{(c)}, \quad (t+1) \cdot 1 + (t-1) \cdot 1 - t - 1 = 0 \quad \cdots \text{(d)}.$$
(c)より，$t=2$ であるから，$t=2$ とすれば，点 $(1, 1)$ を通るような l が定まるとわかる．

よって，$t=2$ のときに定まる m が点 $(1, 1)$ を通れば，点 $(1, 1)$ が l と m の交点になり得るといえる．

しかし，$t=2$ のとき，(d)の左辺は 0 にならないから，$t=2$ のとき，(d)は成り立たない．よって，$t=2$ のときに定まる m は点 $(1, 1)$ を通らないとわかる．

以上のことから，**点 $(1, 1)$ は l と m の交点の軌跡に属さない**．

(例3)　点 $(0, -1)$ は l と m の交点の軌跡に属するか？

点 $(0, -1)$ が l と m の交点になり得るかを調べるために，l の方程式と m の方程式にそれぞれ $x=0$，$y=-1$ を代入すると，
$$t \cdot 0 - (-1) - 1 = 0 \quad \cdots \text{(e)}, \quad (t+1) \cdot 0 + (t-1) \cdot (-1) - t - 1 = 0 \quad \cdots \text{(f)}.$$
(e)の左辺は t の値にかかわらず 0 になるから，t がどのような実数であっても，(e)は成り立つ．したがって，l はつねに点 $(0, -1)$ を通るとわかる．

よって，点 $(0, -1)$ を通るような m を定めるような実数 t が存在すれば，点 $(0, -1)$ が l と m の交点になり得るといえる．

そして，t についての方程式(f)を解くと，$t=0$ であるから，点 $(0, -1)$ を通るような m を定める実数 t が存在することがわかる．

以上のことから，**点 $(0, -1)$ は l と m の交点の軌跡に属する**．

(例4)　点 $(0, 1)$ は l と m の交点の軌跡に属するか？

点 $(0, 1)$ が l と m の交点になり得るかを調べるために，l の方程式と m の方程式にそれぞれ $x=0$，$y=1$ を代入すると，

$$t \cdot 0 - 1 - 1 = 0 \quad \cdots(\text{g}), \quad (t+1) \cdot 0 + (t-1) \cdot 1 - t - 1 = 0.$$

(g)の左辺は t の値にかかわらず 0 にはならないから，(g)が成り立つような実数 t は存在しない．したがって，l が点 $(0, 1)$ を通ることはないとわかる．
よって，点 $(0, 1)$ は l と m の交点になり得ない．
以上のことから，**点 $(0, 1)$ は l と m の交点の軌跡に属さない**．

以上のことを踏まえて，次の ポイント を確認してほしい．

> **ポイント**
>
> xy 平面上の点 (X, Y) に対して，「l と m の交点の軌跡に属するか？」と問いかけてみるというイメージをもつことにより，**l が通過する領域は，「$tX - Y - 1 = 0$ …①，$(t+1)X + (t-1)Y - t - 1 = 0$ …②をともに満たす実数 t が存在するような点 (X, Y) の集合」として求められる**ことがわかるであろう．
>
> なお，▶解答◀ は「①を満たす実数 t を求め，その t が②を満たすための条件を求める」という（例1）から（例4）と同様の方針で記されている．そして，①の t の係数が 0 か否かによって①を満たす実数 t の個数が異なることから，「$X \neq 0$ のとき」と「$X = 0$ のとき」という場合分けが生じることに注意しておこう．

── ▶解答◀ ──

t はすべての実数値をとりながら変化するから，xy 平面上の点 (X, Y) が l と m の交点の軌跡に属するための条件は，

$$tX - Y - 1 = 0 \quad \cdots ①,$$
$$(t+1)X + (t-1)Y - t - 1 = 0 \quad \cdots ②$$

をともに満たす実数 t が存在すること，すなわち，

t についての方程式①，②が共通の実数解をもつ

ことである．
①を整理すると，

$$Xt = Y + 1 \quad \cdots ①'$$

例題 **9**

であるから，t についての方程式①，②が共通の実数解をもつための条件を，

　　　　(ア)　$X \neq 0$ のとき，　　　(イ)　$X = 0$ のとき

の2つの場合に分けて求めることにする．

(ア)　$X \neq 0$ …($*$) のとき．

　　($*$) と①′より，t についての方程式①を解くと，$t = \dfrac{Y+1}{X}$ …③．

　　③より，t についての方程式①，②が共通の実数解をもつための条件は，

$$t \text{ についての方程式②が } \dfrac{Y+1}{X} \text{ を解にもつ}$$

こと，すなわち，X，Y が

$$\left(\dfrac{Y+1}{X}+1\right)X + \left(\dfrac{Y+1}{X}-1\right)Y - \dfrac{Y+1}{X} - 1 = 0 \quad \cdots ④$$

を満たすことである．

　　④を整理すると，

$$\{(Y+1)+X\}X + \{(Y+1)-X\}Y - (Y+1) - X = 0$$

すなわち，

$$X^2 + Y^2 = 1 \quad \cdots ④′.$$

　　④′において，$X = 0$ とすると，$Y = \pm 1$ となるので，④′を満たす X，Y のうち，$X = 0$ であるものは，

$$(X, Y) = (0, -1),\ (0, 1)$$

であるから，($*$) より，

$$(X, Y) \neq (0, -1) \quad \text{かつ} \quad (X, Y) \neq (0, 1) \quad \cdots ⑤.$$

　　④′，⑤より，($*$) のとき，t についての方程式①，②が共通の実数解をもつための条件は，X，Y が

$$X^2 + Y^2 = 1 \quad \text{かつ} \quad (X, Y) \neq (0, -1) \quad \text{かつ} \quad (X, Y) \neq (0, 1) \quad \cdots ($*$)′$$

を満たすことである．

(イ)　$X = 0$ …($**$) のとき．

　　($**$) と①′より，t についての方程式①は，

$$0 \cdot t = Y + 1$$

となるので，t についての方程式①の解は，

$$Y + 1 = 0 \text{ のとき，すべての実数，}$$

後編　パラメータが存在するための条件

93

$Y+1 \neq 0$ のとき,存在しない.

よって,t についての方程式①が実数解をもつための条件は,
$$Y+1=0 \quad \cdots ⑥$$
であり,⑥が成り立つとき,t についての方程式①の解はすべての実数である.

さらに,⑥が成り立つとき,(∗∗)と⑥から $X=0$,$Y=-1$ であり,②は
$$(t+1) \cdot 0 + (t-1) \cdot (-1) - t - 1 = 0$$
となるので,t についての方程式②を解くと,
$$t=0$$
であるから,0 は t についての方程式①,②の共通の実数解となる.

以上のことから,(∗∗)のとき,t についての方程式①,②が共通の実数解をもつための条件は,X,Y が
$$(X, Y) = (0, -1) \quad \cdots (∗∗)'$$
を満たすことである.

(ア),(イ) より,(∗)′ と (∗∗)′ のいずれかを満たす xy 平面上の点 (X, Y) の集合が,l と m の交点の軌跡である.

よって,l と m の交点の軌跡は,

円 $x^2+y^2=1$ の点 $(0, 1)$ を除いた部分.

◆ パラメータで定まる点の軌跡・領域についての総括

例題 8 ，例題 9 からわかるように，xy 平面上において，パラメータで定まる点の軌跡・領域は

　　　　点 (X, Y) を定めるパラメータが存在するための条件

によって求められる．

このことは，xy 平面上の点 (X, Y) に対して，

　　　　「パラメータで定まる軌跡・領域に属するか？」

と問いかけたとき，

　「点 (X, Y) を定めるパラメータが存在する」ならば「属する」，

　「点 (X, Y) を定めるパラメータが存在しない」ならば「属さない」

という回答が得られるというイメージがあればわかるであろう．

一般的にいえば，「定めるもの」とそれによって「定まるもの」があるとき，「定まるもの」になれるものとは，『「定めるもの」が存在するようなもの』であり，このことから，「定まるもの」の集合は

　　　　「定めるもの」が存在するための条件

によって求められる．

例題 8 においては，「定めるもの」は実数 t であり，「定まるもの」は l が通過する点である．

例題 9 においては，「定めるもの」は実数 t であり，「定まるもの」は l と m の交点である．

さて，前編においても，パラメータで定まる点の軌跡を扱ったが，前編では解答にいたるまでの手順を提示しただけであった．しかし，例題 8 と例題 9 を踏まえると，前編で扱ったパラメータで定まる点の軌跡も「点 (X, Y) を定めるパラメータが存在するための条件」によって求められていることがわかる．前編の**例題**でそのことを説明しておこう．

ここからはそれぞれの**例題**の ▶解答◀ を見ながら確認してほしい．

例題 2 においては,「定めるもの」は実数 a であり,「定まるもの」は①,②をともに満たす点 (X, Y) である.したがって,xy 平面上の点 (X, Y) が C の頂点の軌跡に属するための条件は,

   ①,②をともに満たす実数 a が存在する

こと,すなわち,

   a についての方程式①,②が共通の実数解をもつ

ことである.そして,▶解答◀ で行っていることは,**例題** 9 と同じく,「①を満たす実数 a を求め,その a が②を満たすための条件を求める」ということである.

例題 3 においては,「定めるもの」は③を満たす実数 s, t であり,「定まるもの」は①,②をともに満たす点 (X, Y) である.したがって,xy 平面上の点 (X, Y) が点 Q の軌跡に属するための条件は,

   ①,②,③をすべて満たす実数 s, t が存在する

こと,すなわち,

   s, t についての連立方程式①,②,③が実数解をもつ

ことである.そして,▶解答◀ で行っていることは,「①を満たす実数 s と②を満たす実数 t を求め,その s と t が③を満たすための条件を求める」ということである.

例題 4 の(2)においては,「定めるもの」は(**)を満たす実数 k であり,「定まるもの」は①,②をともに満たす点 (X, Y) である.したがって,xy 平面上の点 (X, Y) が点 M の軌跡に属するための条件は,

   ①,②,(**)をすべて満たす実数 k が存在する

こと,すなわち,

   k についての方程式①,②が(**)を満たす共通の実数解をもつことである.そして,▶解答◀ で行っていることは,「①を満たす実数 k を求め,その k が②と(**)を満たすための条件を求める」ということである.

例題 8 の【別解】においては，まず，直線 $x=k$ 上において l が通過する領域を求めていることを踏まえると，「定めるもの」は実数 t であり，「定まるもの」は(∗)を満たす実数 y である．したがって，直線 $x=k$ 上の点 (k, y) が，l が通過する領域に属するための条件は，

　　　　　　(∗)を満たす実数 t が存在する

こと，すなわち，

　　　　　t についての 2 次関数(∗)の値域に y が属する

ことである．そして，▶解答◀で行っていることは，「t についての 2 次関数(∗)の値域を求める」ということである．

なお，t についての関数 $y=f(t)$ において，値域とは「y のとり得る値の範囲」のことであるが，この関数において，「定めるもの」は t であり，「定まるもの」は y であることから，「y のとり得る値の範囲」とは「$y=f(t)$ を満たすような t が存在するような y の値の範囲」である．このことは 例題 10 の ポイント で詳しく説明することにする．

このように，「定めるもの」とそれによって「定まるもの」があるという状況において，「定まるもの」の集合が

　　　　　　「定めるもの」が存在するための条件

によって求められるという手法を理解すれば，パラメータで定まる点の軌跡・領域を求める問題は，すべてこの手法を行っているに過ぎないという観点で見ることができるのである．

関数の値域

例題 10

関数 $y = \dfrac{x}{x^2+1}$ において，x がすべての実数値をとりながら変化するとき，y のとり得る値の範囲を求めよ．

はじめに

まず，**実数 x の値を定めることで，実数 y の値が定まる**ことを確認しておこう．

「定めるもの」が実数 x であり，「定まるもの」が実数 y であることから，**例題 8** や **例題 9** の ▶解答◀ の手法と同じように，**すべての実数に対して，「y のとり得る値の範囲に属するか？」と問いかけてみる**ことにする．次の（例1）から（例3）を見てみよう．

（例1） $\dfrac{3}{10}$ は y のとり得る値の範囲に属するか？

$\dfrac{3}{10}$ が y の値になり得るかを調べるために，$y = \dfrac{x}{x^2+1}$ に $y = \dfrac{3}{10}$ を代入すると，

$$\dfrac{3}{10} = \dfrac{x}{x^2+1}.$$

これを整理すると，

$$3x^2 - 10x + 3 = 0.$$

この x についての 2 次方程式を解くと，$x = \dfrac{1}{3}$，3 となるから，$x = \dfrac{1}{3}$，あるいは，$x = 3$ とすれば，$y = \dfrac{3}{10}$ となるとわかる．

以上のことから，$\dfrac{3}{10}$ は y のとり得る値の範囲に属する．

（例2） 1 は y のとり得る値の範囲に属するか？

1 が y の値になり得るかを調べるために，$y = \dfrac{x}{x^2+1}$ に $y = 1$ を代入すると，

$$1 = \frac{x}{x^2+1}.$$

これを整理すると，
$$x^2 - x + 1 = 0.$$

この x についての 2 次方程式は実数解をもたないから，x がどのような実数値をとっても，$y=1$ となることはないとわかる．

以上のことから，1 は y のとり得る値の範囲に属さない．

(例 3)　0 は y のとり得る値の範囲に属するか？

0 が y の値になり得るかを調べるために，$y = \dfrac{x}{x^2+1}$ に $y=0$ を代入すると，
$$0 = \frac{x}{x^2+1}.$$

これより，
$$x = 0.$$

よって，$x=0$ とすれば，$y=0$ となるとわかる．

以上のことから，0 は y のとり得る値の範囲に属する．

以上のことを踏まえて，次の ポイント を確認してほしい．

ポイント

実数 k に対して，「y のとり得る値に属するか？」と問いかけたとき，

「$k = \dfrac{x}{x^2+1}$ を満たす実数 x が存在する」ならば「属する」，

「$k = \dfrac{x}{x^2+1}$ を満たす実数 x が存在しない」ならば「属さない」

という回答が得られる．

したがって，y のとり得る値の範囲，すなわち，関数 $y = \dfrac{x}{x^2+1}$ の値域は，「$k = \dfrac{x}{x^2+1}$ を満たす実数 x が存在するような実数 k の集合」として求められる．

後編　パラメータが存在するための条件

▶ 解答 ◀

x はすべての実数値をとりながら変化するから，関数 $y = \dfrac{x}{x^2+1}$ において，実数 k が y のとり得る値の範囲に属するための条件は，

$$k = \dfrac{x}{x^2+1} \quad \cdots ①$$ を満たす実数 x が存在する

ことである．

① を x について整理すると，$kx^2 - x + k = 0 \quad \cdots ②$ であるから，① を満たす実数 x が存在するための条件は，

x についての方程式 ② が実数解をもつ

ことである．

(ア) $k \neq 0 \quad \cdots (*)$ のとき．

② は x についての 2 次方程式であるから，② が実数解をもつための条件は，② の判別式を D とすると，

$$D \geq 0$$

となることである．

$$D = (-1)^2 - 4 \cdot k \cdot k$$
$$= -(2k+1)(2k-1)$$

であるから，$D \geq 0$ より，

$$-(2k+1)(2k-1) \geq 0$$

すなわち，

$$-\dfrac{1}{2} \leq k \leq \dfrac{1}{2}.$$

このことと $(*)$ より，$(*)$ のとき，② が実数解をもつための条件は，k が

$$-\dfrac{1}{2} \leq k < 0 \quad \text{または} \quad 0 < k \leq \dfrac{1}{2} \quad \cdots (*)'$$

を満たすことである．

(イ) $k = 0 \quad \cdots (**)$ のとき．

$(**)$ より，② は

$$0 \cdot x^2 - x + 0 = 0$$

となるから，これより，

$$x = 0.$$

よって，（＊＊）のとき，②は実数解をもつ．

（ア），（イ）より，（＊）′と（＊＊）のいずれかを満たす実数 k の集合が，y のとり得る値の範囲である．

よって，y のとり得る値の範囲は，
$$-\frac{1}{2} \leqq y \leqq \frac{1}{2}.$$

（参考）　例題 6 も例題 10 と同じ手法でアプローチしていることを確認しておこう．

　　　　ここからは例題 6 の ▶解答◀ を見ながら確認してほしい．

　　　　例題 6 においては，「定めるもの」は領域 D に属する点 (x, y) であり，「定まるもの」は $\frac{1}{3}x + y$ の値である．したがって，実数 k が $\frac{1}{3}x + y$ のとり得る値の範囲に属するための条件は，

$$\frac{1}{3}x + y = k \text{ となるような } D \text{ に属する点 } (x, y) \text{ が存在する}$$

こと，すなわち，

$$xy \text{ 平面上において，} \frac{1}{3}x + y = k \text{ が表す図形と } D \text{ が共有点をもつ}$$

ことである．したがって，▶解答◀ のようにして，$\frac{1}{3}x + y$ のとり得る値の範囲を求めることができるのである．

　　このように，「定めるもの」とそれによって「定まるもの」があるという状況において，「定まるもの」の集合が

「定めるもの」が存在するための条件

によって求められるという手法を理解すれば，関数の値域や式の値のとり得る範囲を求める問題は，すべてこの手法を行っているに過ぎないという観点で見ることができるのである．

演習問題

演習 11

xy 平面上において，円 $C: (x+m)^2+(y-m)^2=m^2+2$ がある．m がすべての実数値をとりながら変化するとき，C が通過する領域を図示せよ．

演習 12

xy 平面上において，直線 $l: y=2tx-t^2+1$ がある．t が $0<t<1$ を満たしながら変化するとき，l が通過する領域を D とする．D を図示せよ．

演習 13

xy 平面上において，2 点 $A(t-2, t^2-2t)$，$B(t, t^2+2t)$ がある．t がすべての実数値をとりながら変化するとき，線分 AB の両端を含む部分が通過する領域を D とする．D を図示せよ．

演習 14

2つの実数 a と b は次の3つの不等式をすべて満たしながら変化する.
$$\begin{cases} 3a-b \geq 0 & \cdots ① \\ a+b-4 \leq 0 & \cdots ② \\ a-b \leq 0 & \cdots ③ \end{cases}$$
このとき, xy 平面上において, 直線 $y=ax+b$ が通過する領域を図示せよ.

演習 15

xy 平面上において, 点 $\mathrm{P}(p-q,\ 2p^2-q^2)$ がある. 2つの実数 p と q がともに0以上の値をとりながら変化するとき, 点 P が存在する領域を図示せよ.

演習問題

演習 16

(1) xy 平面上において,点 $\mathrm{P}(p+q,\ pq)$ がある.

(ⅰ) p と q がともにすべての実数値をとりながら変化するとき,点 P が存在する領域を図示せよ.

(ⅱ) 2つの実数 p と q が $p^2+pq+q^2 \leq 3$ を満たしながら変化するとき,点 P が存在する領域を図示せよ.

(2) 2つの実数 p と q が $p^2+pq+q^2 \leq 3$ を満たしながら変化するとき,$2p+pq+2q$ の最大値と最小値を求めよ.

演習 17

2つの実数 x と y が $x^2+2y^2-xy-x+3y-1=0$ を満たしながら変化するとき,x のとり得る値の範囲を求めよ.

解説・解答は138ページから

演習 18

a がすべての実数値をとりながら変化するとき，x についての方程式
$$x^4+2x^3-2(a-1)x^2-2ax+a^2-1=0 \quad \cdots(*)$$
の実数解になり得る値の範囲を求めよ．

演習 19

a, b を実数とする．

(1) a, b が $a^2-2b^2=1$ を満たしながら変化するとき，$a-b$ のとり得る値の範囲を求めよ．

(2) a, b が
$$a^2-2b^2=1 \quad \text{かつ} \quad a \geqq -2$$
を満たしながら変化するとき，$a-b$ のとり得る値の範囲を求めよ．

105

演習 20

3つの実数 x, y, z は次の2つの等式をともに満たしながら変化する．
$$\begin{cases} x - 2y^2 + z = 0 & \cdots \text{①}, \\ y^4 + y^2 - xz = 4 & \cdots \text{②}. \end{cases}$$
このとき，y のとり得る値の範囲を求めよ．

次ページへ続く

演習 11

xy 平面上において，円 $C:(x+m)^2+(y-m)^2=m^2+2$ がある．m がすべての実数値をとりながら変化するとき，C が通過する領域を図示せよ．

ポイント

実数 m の値を定めると，C が通過する点が定まるので，C が通過する領域は，「$(X+m)^2+(Y-m)^2=m^2+2$ を満たす実数 m が存在するような点 (X, Y) の集合」である．

したがって，
$$(X+m)^2+(Y-m)^2=m^2+2$$
を満たす実数 m が存在するための条件を求めることで，C が通過する領域が求められる．

▶解答◀

m はすべての実数値をとりながら変化するから，xy 平面上の点 (X, Y) が C が通過する領域に属するための条件は，
$$(X+m)^2+(Y-m)^2=m^2+2 \quad \cdots ①$$
を満たす実数 m が存在することである．

① を m について整理すると，$m^2+2(X-Y)m+X^2+Y^2-2=0 \quad \cdots ②$ であるから，② を満たす実数 m が存在するための条件は，

m についての 2 次方程式 ② が実数解をもつ

こと，すなわち，② の判別式を D とすると，
$$D \geq 0$$
となることである．
$$\frac{D}{4}=(X-Y)^2-1\cdot(X^2+Y^2-2)$$
$$=-2(XY-1)$$

であるから，$D \geq 0$ より，
$$\frac{D}{4} \geq 0$$
すなわち，
$$-2(XY-1) \geq 0.$$

これより，

$$XY \leqq 1 \quad \cdots ③.$$

以上のことから，③を満たす xy 平面上の点 (X, Y) の集合が，C が通過する領域である．

ここで，③は，

$X < 0$ のとき，$Y \geqq \dfrac{1}{X}$ となり，

$X = 0$ のとき，すべての実数 Y について成り立ち，

$X > 0$ のとき，$Y \leqq \dfrac{1}{X}$ となる

から，C が通過する領域は下図の斜線部分で，境界を含む．

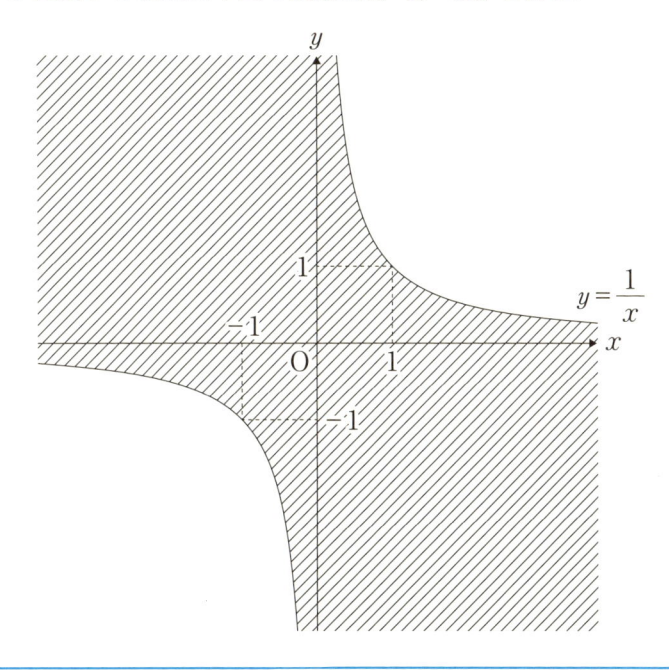

演習 12

xy 平面上において，直線 $l : y = 2tx - t^2 + 1$ がある．t が $0 < t < 1$ を満たしながら変化するとき，l が通過する領域を D とする．D を図示せよ．

ポイント

$0 < t < 1$ を満たす t の値を定めると，l が通過する点が定まるので，D は，「$Y = 2tX - t^2 + 1$ を満たす t が $0 < t < 1$ の範囲に存在するような点 (X, Y) の集合」である．

したがって，

$Y = 2tX - t^2 + 1$ を満たす t が $0 < t < 1$ の範囲に存在する

ための条件を求めることで，D が求められる．

解答

t は $0 < t < 1$ を満たしながら変化するから，xy 平面上の点 (X, Y) が D に属するための条件は，

$Y = 2tX - t^2 + 1$ …① を満たす t が $0 < t < 1$ の範囲に存在する

ことである．

①を t について整理すると，$t^2 - 2Xt + Y - 1 = 0$ …② であるから，①を満たす t が $0 < t < 1$ の範囲に存在するための条件は，

「t についての 2 次方程式②が $0 < t < 1$ の範囲に解をもつ …(*)」

ことである．

$f(t) = t^2 - 2Xt + Y - 1$ とおくと，$f(t) = (t - X)^2 - X^2 + Y - 1$ であるから，tu 平面における放物線 $u = f(t)$ の頂点の t 座標は X である．これより，次の (i)，(ii) の場合に分けて，(*) が成り立つための条件を求めることにする．

(i) $X \leq 0$ または $1 \leq X$ のとき．

(*) が成り立つための条件は，放物線 $u = f(t)$ と t 軸の $0 < t < 1$ の部分が右ページの図のように共有点をもつことである．

よって，(*) が成り立つための条件は，$f(0)$ と $f(1)$ が異符号であること，すなわち，

$$f(0) \cdot f(1) < 0$$

となることである.

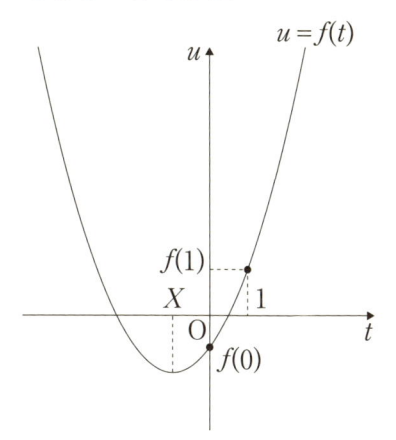

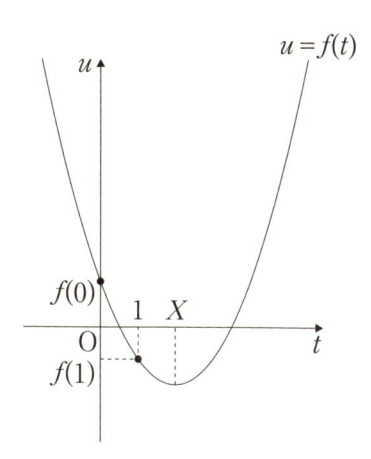

$f(0) = Y-1$ …③,$f(1) = -2X+Y$ …④であるから,(∗)が成り立つための条件,すなわち,$f(0) \cdot f(1) < 0$ となるための条件は,X,Y が
$$(Y-1)(-2X+Y) < 0$$
すなわち,
$$\begin{cases} Y-1 > 0, \\ -2X+Y < 0 \end{cases} \quad \text{または} \quad \begin{cases} Y-1 < 0, \\ -2X+Y > 0 \end{cases}$$
を満たすことである.

これより,(∗)が成り立つための条件は,X,Y が
$$\begin{cases} Y > 1, \\ Y < 2X \end{cases} \quad \text{または} \quad \begin{cases} Y < 1, \\ Y > 2X \end{cases}$$
を満たすことである.

(ⅱ) $0 < X < 1$ のとき.

(∗)が成り立つための条件は,放物線 $u = f(t)$ と t 軸の $0 < t < 1$ の部分が次ページの図のように共有点をもつことである.

よって,(∗)が成り立つための条件は,
$$f(X) \leq 0 \quad \text{かつ} \quad \lceil f(0) > 0 \quad \text{または} \quad f(1) > 0 \rfloor$$
となることである.

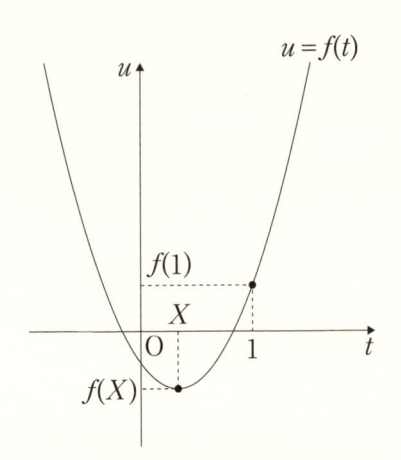

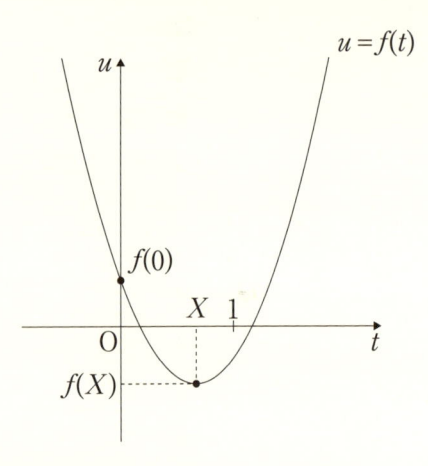

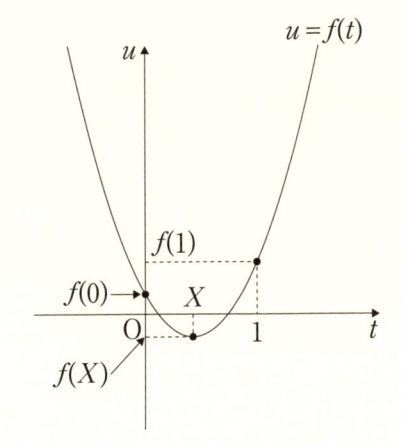

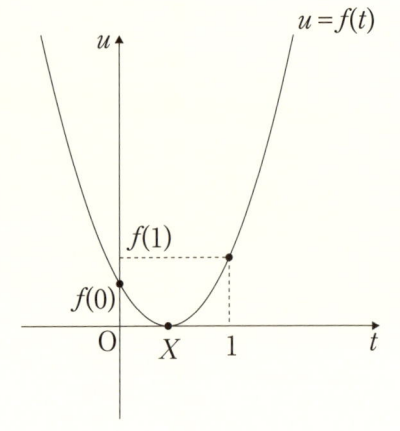

$f(X) = -X^2 + Y - 1$ であることと③,④より,（*）が成り立つための条件,すなわち,

$$f(X) \leqq 0 \quad \text{かつ} \quad \lceil f(0) > 0 \quad \text{または} \quad f(1) > 0 \rfloor$$

となるための条件は,X, Y が

$$-X^2 + Y - 1 \leqq 0 \quad \text{かつ} \quad \lceil Y - 1 > 0 \quad \text{または} \quad -2X + Y > 0 \rfloor$$

すなわち,

$$Y \leqq X^2 + 1 \quad \text{かつ} \quad \lceil Y > 1 \quad \text{または} \quad Y > 2X \rfloor$$

を満たすことである.

（i）,（ii）より,

$X \leq 0$ または $1 \leq X$ ならば,

「$Y > 1$ かつ $Y < 2X$」 または 「$Y < 1$ かつ $Y > 2X$」

を満たし,

$0 < X < 1$ ならば,

$Y \leq X^2 + 1$ かつ 「$Y > 1$ または $Y > 2X$」

を満たす xy 平面上の点 (X, Y) の集合が D である.

したがって,D は下図の斜線部分で,境界は放物線 $y = x^2 + 1$ の $0 < x < 1$ の部分のみ含まれ,他は含まれない.

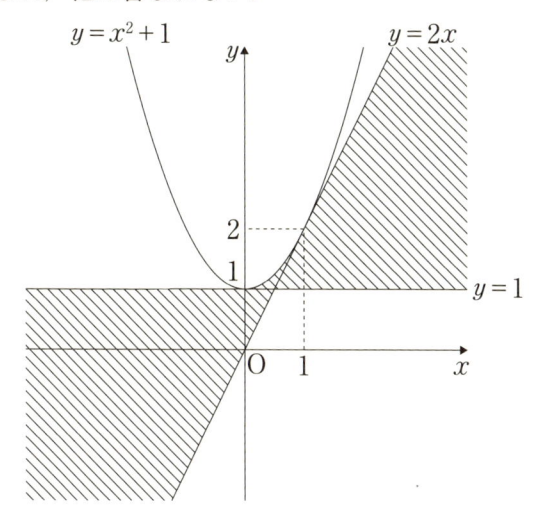

(参考) l の方程式が $y = (t についての 2 次式)$ という形をしていることに着目すると,D を「x を 1 つの値に定めたときに,y のとり得る値の範囲を求める」という方針で求めることもできる.

【別解】

まず,k を実数の定数とし,直線 $x = k$ と D の共通部分を求める.

l の方程式 $y = 2tx - t^2 + 1$ において,$x = k$ とすると,
$$y = 2tk - t^2 + 1$$
すなわち,
$$y = -t^2 + 2kt + 1$$
となり,k が実数の定数であることから,y は t についての 2 次関数である.

113

$g(t) = -t^2 + 2kt + 1$ とおくと,
$$g(t) = -(t-k)^2 + k^2 + 1 \quad \cdots(**)$$
となり, t が $0<t<1$ を満たしながら変化することから, $(**)$ より, y のとり得る値の範囲は, k の値の範囲によって, 次のようになる.

(ア) $k \leqq 0$ のとき.

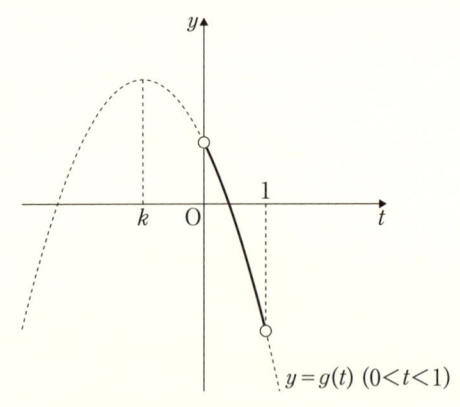

ty 平面において, 放物線 $y=g(t)$ の $0<t<1$ の部分は, 上図の太線部分のようになるから, y のとり得る値の範囲は,
$$g(1) < y < g(0)$$
すなわち,
$$2k < y < 1.$$

(イ) $0 < k \leqq \dfrac{1}{2}$ のとき.

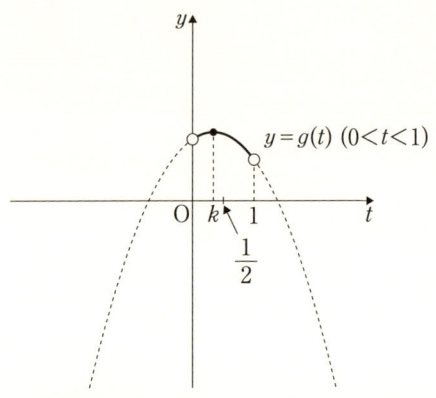

ty 平面において, 放物線 $y=g(t)$ の $0<t<1$ の部分は, 上図の太線部分のようになるから, y のとり得る値の範囲は,

$$g(1) < y \leqq g(k)$$

すなわち，

$$2k < y \leqq k^2 + 1.$$

（ウ） $\dfrac{1}{2} < k < 1$ のとき．

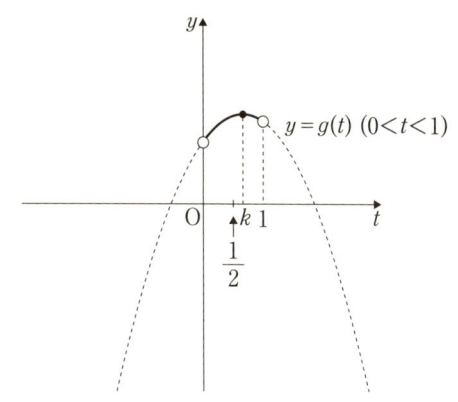

ty 平面において，放物線 $y = g(t)$ の $0 < t < 1$ の部分は，上図の太線部分のようになるから，y のとり得る値の範囲は，

$$g(0) < y \leqq g(k)$$

すなわち，

$$1 < y \leqq k^2 + 1.$$

（エ） $1 \leqq k$ のとき．

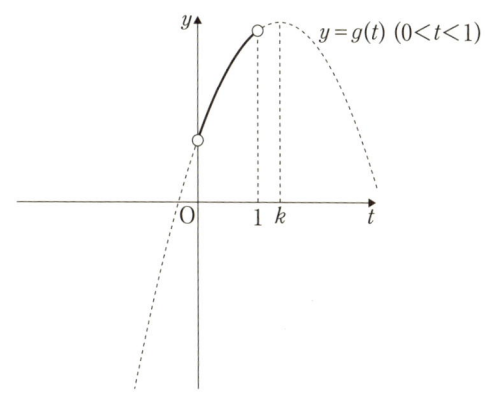

ty 平面において，放物線 $y = g(t)$ の $0 < t < 1$ の部分は，上図の太線部分のようになるから，y のとり得る値の範囲は，

$$g(0) < y < g(1)$$

すなわち，
$$1 < y < 2k.$$

したがって，(ア)，(イ)，(ウ)，(エ) の場合において，直線 $x=k$ と D の共通部分は下図の太線部分のようになる．

(ア) のとき

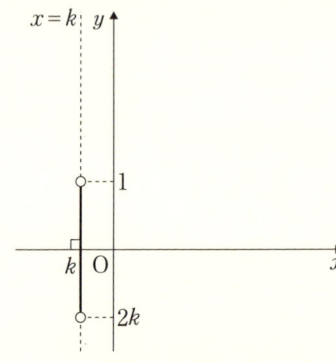

(イ) のとき

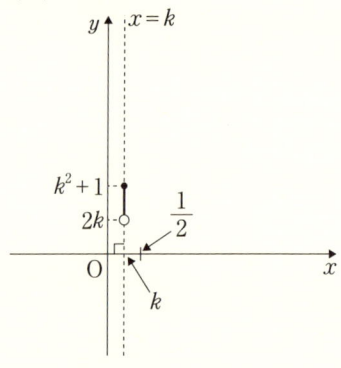

(ウ) のとき

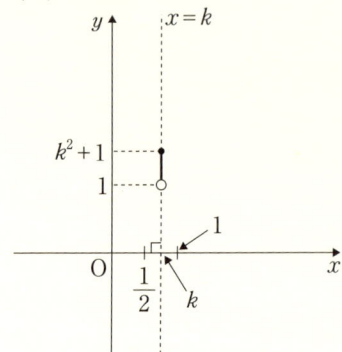

(エ) のとき

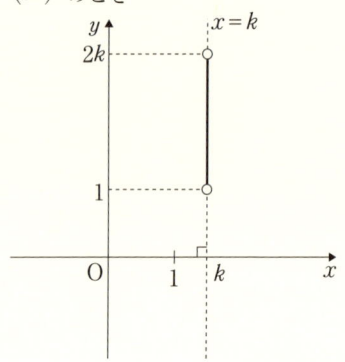

次に，k をすべての実数値をとるように変化させると，(ア)，(イ)，(ウ)，(エ) より，D は右図の縦線部分で，境界は放物線 $y = x^2 + 1$ の $0 < x < 1$ の部分のみ含まれ，他は含まれない．

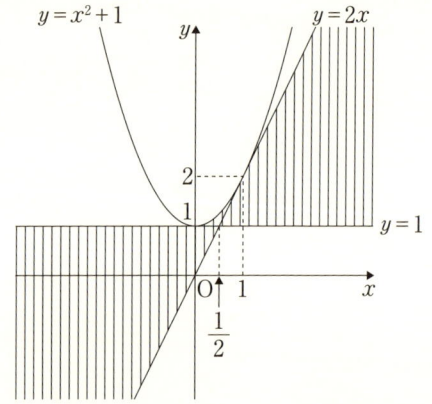

【別解おわり】

なお，【別解】の（∗∗）のように，l の方程式 $y = 2tx - t^2 + 1$ の右辺を t について平方完成することにより，l の変化を視覚的に捉えることもできる．

$y = 2tx - t^2 + 1$，すなわち，$y = -t^2 + 2xt + 1$ の右辺を t について平方完成すると，
$$y = -(t-x)^2 + x^2 + 1 \quad \cdots (\ast\ast)'$$
となる．

（∗∗）′の右辺に着目すると，放物線 $y = x^2 + 1$ の $x = t$ における接線が l であることがわかる．…(注)

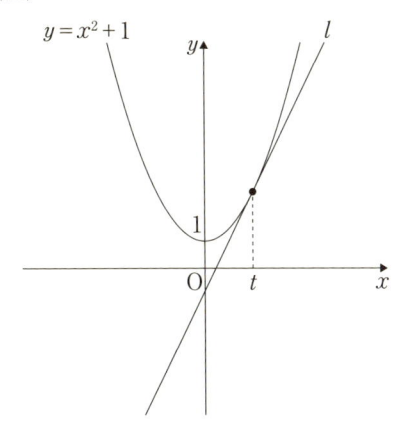

このことから，D が ▶解答◀ で求めた領域になることが予想できる．

【(注) についての補足】

x についての2次方程式
$$x^2 + 1 = -(t-x)^2 + x^2 + 1 \quad \cdots (\ast\ast\ast)$$
の実数解が，放物線 $y = x^2 + 1$ と $l : y = -(t-x)^2 + x^2 + 1$ の共有点の x 座標であり，（∗∗∗）を整理すると，
$$(t-x)^2 = 0$$
となることから，（∗∗∗）の解は
$$x = t$$
である．

以上のことから，放物線 $y = x^2 + 1$ と l は x 座標が t である点において接することがわかる．

【(注) についての補足おわり】

演習 13

xy 平面上において，2 点 $A(t-2, t^2-2t)$，$B(t, t^2+2t)$ がある．t がすべての実数値をとりながら変化するとき，線分 AB の両端を含む部分が通過する領域を D とする．D を図示せよ．

ポイント

線分 AB の両端を含む部分は直線 $y = 2tx - t^2 + 2t$ の $t-2 \leq x \leq t$ の部分であるから，D は，「$Y = 2tX - t^2 + 2t$，$t-2 \leq x \leq t$ をともに満たす実数 t が存在するような点 (X, Y) の集合」である．

したがって，

$Y = 2tX - t^2 + 2t$ を満たす t が $t-2 \leq x \leq t$ を満たす範囲に存在するための条件を求めることで，D が求められる．

解答

$A(t-2, t^2-2t)$，$B(t, t^2+2t)$ であるから，直線 AB の傾きは，

$$\frac{(t^2+2t)-(t^2-2t)}{t-(t-2)} = 2t.$$

このことと直線 AB が点 $B(t, t^2+2t)$ を通ることから，直線 AB の方程式は，

$$y - (t^2+2t) = 2t(x-t)$$

すなわち，

$$y = 2tx - t^2 + 2t.$$

このことと，点 A の x 座標が $t-2$，点 B の x 座標が t であることから，線分 AB の両端を含む部分は

$$\text{直線 } y = 2tx - t^2 + 2t \text{ の } t-2 \leq x \leq t \text{ の部分}$$

であり，t はすべての実数値をとりながら変化するから，xy 平面上の点 (X, Y) が D に属するための条件は，

$$Y = 2tX - t^2 + 2t \quad \cdots ①, \quad t-2 \leq X \leq t \quad \cdots ②$$

をともに満たす実数 t が存在することである．

① を t について整理すると，$t^2 - 2(X+1)t + Y = 0$ $\cdots ①'$ であり，② を t について解くと，$X \leq t \leq X+2$ $\cdots ②'$ であるから，①，② をともに満たす実数

t が存在するための条件は,

「t についての 2 次方程式①′が②′の範囲に解をもつ …（＊）」

ことである．

よって, $f(t) = t^2 - 2(X+1)t + Y$ とおくと,（＊）が成り立つための条件は, tu 平面において, 放物線 $u = f(t)$ と t 軸の $X \leq t \leq X+2$ の部分が共有点をもつことである．

$f(t) = \{t - (X+1)\}^2 - (X+1)^2 + Y$ であるから, 放物線 $u = f(t)$ の頂点の t 座標は $X+1$ である．これより,（＊）が成り立つための条件は,

$$f(X+1) \leq 0 \quad かつ \quad f(X) \geq 0$$

となることである．

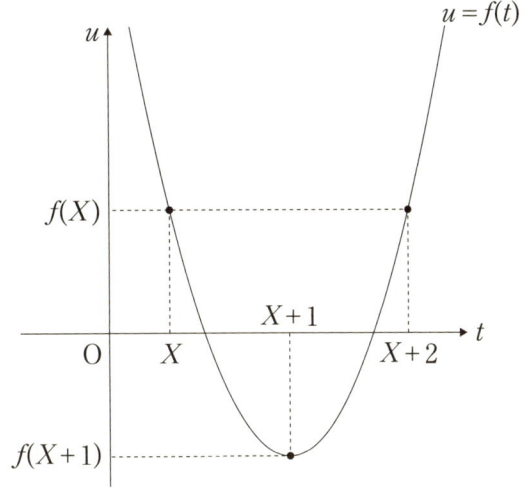

$f(X+1) = -(X+1)^2 + Y$, $f(X) = -X^2 - 2X + Y$ であるから,（＊）が成り立つための条件, すなわち,「$f(X+1) \leq 0$ かつ $f(X) \geq 0$」となるための条件は, X, Y が

$$-(X+1)^2 + Y \leq 0 \quad かつ \quad -X^2 - 2X + Y \geq 0$$

すなわち,

$$Y \leq (X+1)^2 \quad かつ \quad Y \geq (X+1)^2 - 1$$

を満たすことである．

以上のことから,

$$Y \leq (X+1)^2 \quad かつ \quad Y \geq (X+1)^2 - 1$$

を満たす xy 平面上の点 (X, Y) の集合が D である.

したがって, D は下図の斜線部分で, 境界を含む.

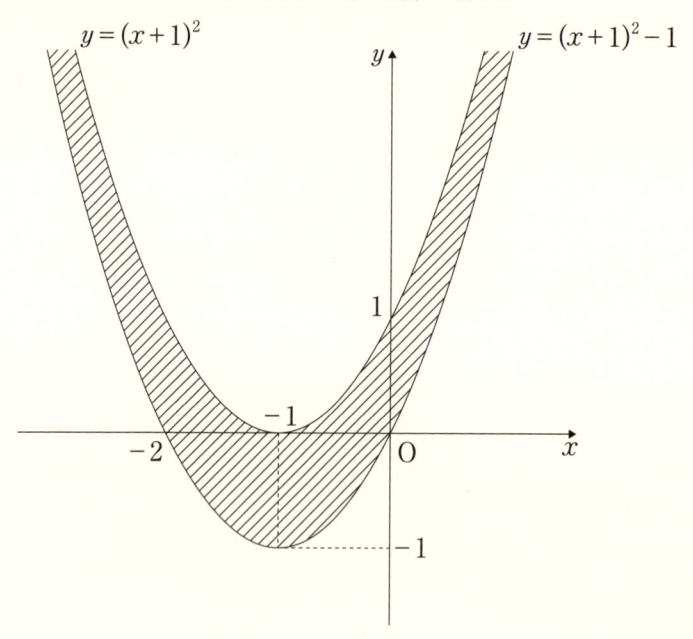

(**参考**) 直線 AB の方程式が $y = (t$ についての 2 次式$)$ という形をしていることに着目すると, D を「x を 1 つの値に定めたときに, y のとり得る値の範囲を求める」という方針で求めることもできる.

【別解】

まず, k を実数の定数とし, 直線 $x = k$ と D の共通部分を求める.

直線 AB の方程式 $y = 2tx - t^2 + 2t$ において, $x = k$ とすると,
$$y = 2tk - t^2 + 2t$$
すなわち,
$$y = -t^2 + 2(k+1)t$$
となり, k が実数の定数であることから, y は t についての 2 次関数である.

さらに, 線分 AB の両端を含む部分は
$$\text{直線 } y = 2tx - t^2 + 2t \text{ の } t-2 \leq x \leq t \text{ の部分}$$
であるから, $x = k$ のとき, t は $t-2 \leq k \leq t$, すなわち, $k \leq t \leq k+2$ の範囲の値をとって変化する.

$g(t) = -t^2 + 2(k+1)t$ とおくと，
$$g(t) = -\{t-(k+1)\}^2 + (k+1)^2. \quad \cdots(**)$$

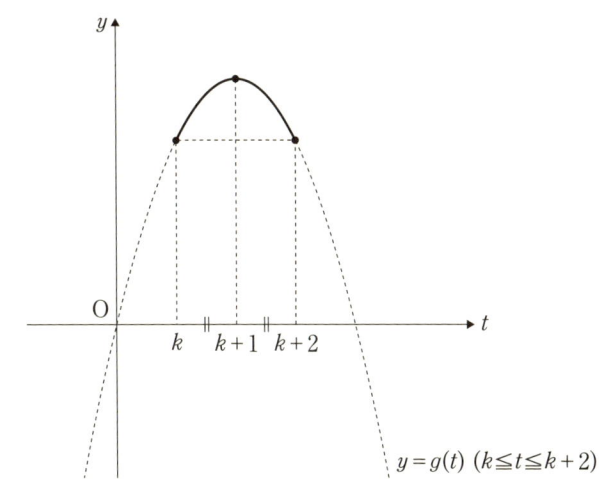

t が $k \leqq t \leqq k+2$ の範囲の値をとって変化することから，（＊＊）より，y のとり得る値の範囲は，
$$g(k) \leqq y \leqq g(k+1)$$
すなわち，
$$(k+1)^2 - 1 \leqq y \leqq (k+1)^2.$$
したがって，直線 $x = k$ と D の共通部分は下図の太線部分のようになる．

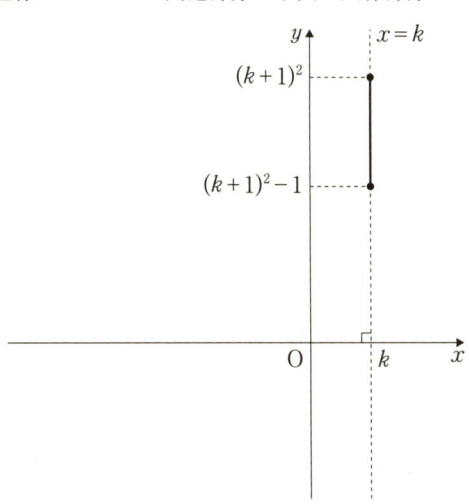

次に，k をすべての実数値をとるように変化させる．このことにより，D は次

の図の縦線部分で，境界を含む．

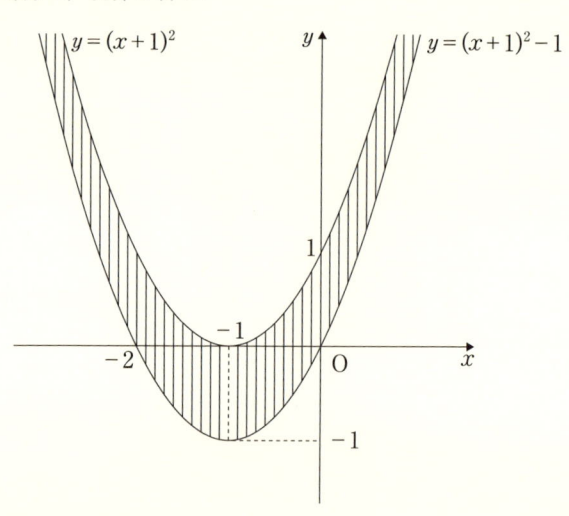

【別解おわり】

なお，【別解】の（＊＊）のように，直線 AB の方程式 $y=2tx-t^2+2t$ の右辺を t について平方完成することにより，直線 AB の変化を視覚的に捉えることもできる．
$y=2tx-t^2+2t$，すなわち，$y=-t^2+2(x+1)t$ の右辺を t について平方完成すると，
$$y=-\{t-(x+1)\}^2+(x+1)^2 \quad \cdots(\text{＊＊})'$$
となる．

（＊＊）′ の右辺に着目すると，放物線 $y=(x+1)^2$ の $x=t-1$ における接線が直線 AB であることがわかる．　…(注)

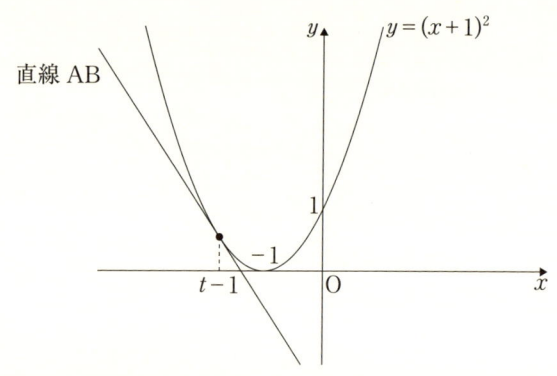

さらに，線分 AB の端点である 2 点 A，B がそれぞれどのような図形上にあるかを調べることで，線分 AB の変化を視覚的に捉えることもできる．

$s=t-2$ とおくと，$t=s+2$ であるから，
$$t^2-2t=(s+2)^2-2(s+2)$$
$$=s^2+2s$$
となるので，点 A$(t-2, t^2-2t)$ の座標は (s, s^2+2s) と表される．

このことと点 B の座標が (t, t^2+2t) であることから，2 点 A，B はともに放物線 $y=x^2+2x$ 上にある．

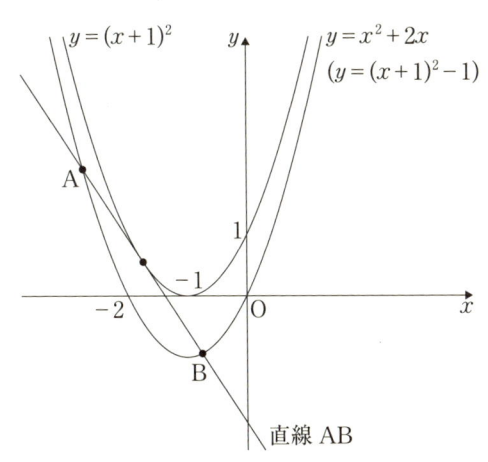

以上のことから，D が ▶解答◀ で求めた領域になることが予想できる．

【(注) についての補足】

x についての 2 次方程式
$$(x+1)^2=-\{t-(x+1)\}^2+(x+1)^2 \quad \cdots(***)$$
の実数解が，放物線 $y=(x+1)^2$ と直線 AB：$y=-\{t-(x+1)\}^2+(x+1)^2$ の共有点の x 座標であり，(***) を整理すると，
$$(t-x-1)^2=0$$
となることから，(***) の解は
$$x=t-1$$
である．

以上のことから，放物線 $y=(x+1)^2$ と直線 AB は x 座標が $t-1$ である点において接することがわかる．

【(注) についての補足おわり】

演習 14

2つの実数 a と b は次の3つの不等式をすべて満たしながら変化する．
$$\begin{cases} 3a-b \geqq 0 & \cdots \text{①}, \\ a+b-4 \leqq 0 & \cdots \text{②}, \\ a-b \leqq 0 & \cdots \text{③}. \end{cases}$$
このとき，xy 平面上において，直線 $y=ax+b$ が通過する領域を図示せよ．

ポイント

①，②，③をすべて満たす実数 a，b の値を定めると，直線 $y=ax+b$ が通過する点が定まるので，**直線 $y=ax+b$ が通過する領域は，「①，②，③，および，$Y=aX+b$ をすべて満たす実数 a，b が存在するような点 (X, Y) の集合」**である．

したがって，ab 平面上において，$Y=aX+b$ が表す図形と「①かつ②かつ③」が表す領域が共有点をもつための条件を求めることで，直線 $y=ax+b$ が通過する領域が求められる．

なお，▶解答◀では，演習 9 のように「直線と三角形の周および内部が共有点をもたない」ための条件を求めることで，直線 $y=ax+b$ が通過しない領域を求め，それにより，直線 $y=ax+b$ が通過する領域を求めていることも確認してほしい．

▶解答◀

2つの実数 a と b は①，②，③をすべて満たしながら変化するから，xy 平面上の点 (X, Y) が直線 $y=ax+b$ が通過する領域に属するための条件は，
$$\text{①，②，③，} Y=aX+b \quad \cdots \text{④}$$
をすべて満たす実数 a，b が存在すること，すなわち，ab 平面上において，

　　　④が表す図形と「①かつ②かつ③」が表す領域が共有点をもつ

ことである．

④より，$b=-Xa+Y$ であるから，ab 平面において，④は

　　　　　傾きが $-X$，b 切片が Y である直線

を表す．

また，ab 平面において「①かつ②かつ③」が表す領域は，
$$\begin{cases} b \leqq 3a, \\ b \leqq -a+4, \\ b \geqq a \end{cases}$$
が表す領域である．よって，ab 平面において「①かつ②かつ③」が表す領域は下図の斜線部分で，境界を含む．

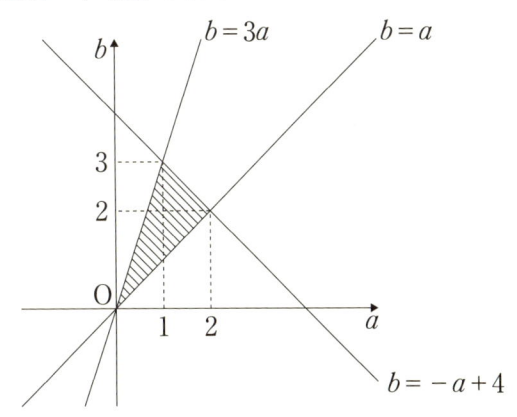

よって，ab 平面上において，「①かつ②かつ③」が表す領域は 3 点 $(0, 0)$，$(1, 3)$，$(2, 2)$ を頂点とする三角形の周および内部である．

さらに，ab 平面上において，

④が表す直線の上側を表す不等式は，$b > -Xa + Y$，

④が表す直線の下側を表す不等式は，$b < -Xa + Y$

であり，3 点 $(0, 0)$，$(1, 3)$，$(2, 2)$ を頂点とする三角形の周および内部と④が表す直線が共有点をもたないための条件は

「3 点 $(0, 0)$，$(1, 3)$，$(2, 2)$ がいずれも④が表す直線の上側にある」

または

「3 点 $(0, 0)$，$(1, 3)$，$(2, 2)$ がいずれも④が表す直線の下側にある」

ことであるから，④が表す直線と「①かつ②かつ③」が表す領域が共有点をもたないための条件は，X，Y が

$$\begin{cases} 0 > -X \cdot 0 + Y, \\ 3 > -X \cdot 1 + Y, \\ 2 > -X \cdot 2 + Y \end{cases} \text{または} \begin{cases} 0 < -X \cdot 0 + Y, \\ 3 < -X \cdot 1 + Y, \\ 2 < -X \cdot 2 + Y \end{cases}$$

すなわち，
$$\begin{cases} Y<0, \\ Y<X+3, \\ Y<2X+2 \end{cases} \text{または} \begin{cases} Y>0, \\ Y>X+3, \\ Y>2X+2 \end{cases}$$
を満たすことである．

以上のことから，
$$\begin{cases} Y<0, \\ Y<X+3, \\ Y<2X+2 \end{cases} \text{または} \begin{cases} Y>0, \\ Y>X+3, \\ Y>2X+2 \end{cases}$$
を満たす xy 平面上の点 (X, Y) の集合が，直線 $y=ax+b$ が通過しない領域である．

したがって，直線 $y=ax+b$ が通過しない領域は右図の斜線部分で，境界を含まない．

これより，直線 $y=ax+b$ が通過する領域は下図の斜線部分で，境界を含む．

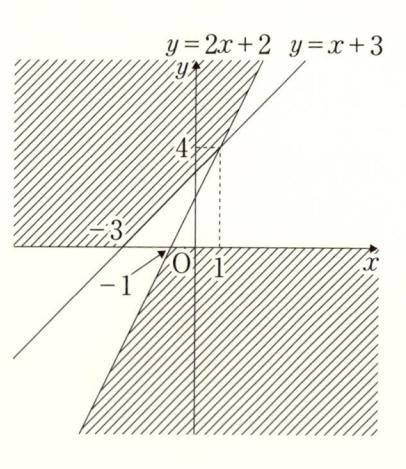

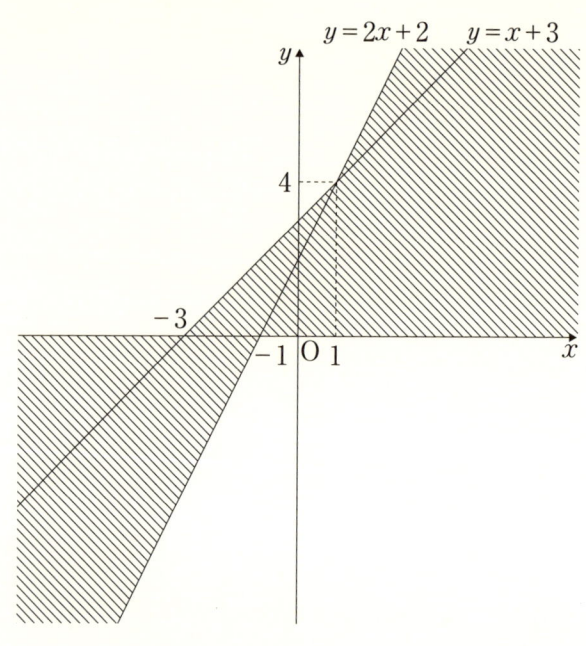

(参考) 直線 $y=ax+b$ が通過する領域を「x を1つの値に定めたときに，y のとり得る値の範囲を求める」という方針で求めることもできる．

【別解】
まず，k を実数の定数とし，直線 $x=k$ と直線 $y=ax+b$ が通過する領域の共通部分を求める．

$y=ax+b$ において，$x=k$ とすると，
$$y=ak+b \quad \cdots(*).$$
$(*)$ より，$b=-ka+y$ であるから，ab 平面において，$(*)$ は
$$\text{傾きが}-k, b\text{切片が}y\text{である直線}$$
を表す．

ab 平面上において，$(*)$ が表す直線を l，「①かつ②かつ③」が表す領域を D とすると，2つの実数 a と b が①，②，③をすべて満たしながら変化することから，l が D と共有点をもつような y の値の範囲が，y のとり得る値の範囲である．

$(*)$ の傾きが $-k$ であることから，k の値の範囲によって，y のとり得る値の範囲を，次のように図を用いて求めることができる．

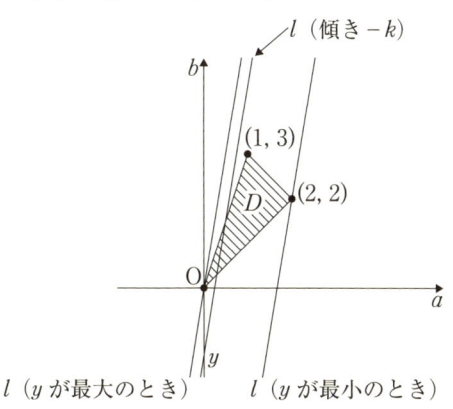

(ア) $-k \geqq 3$ のとき，すなわち，$k \leqq -3$ のとき．

y は l が点 $(0,0)$ を通るとき最大となり，このとき，$(*)$ より
$$y = 0 \cdot k + 0$$
$$= 0.$$
y は l が点 $(2,2)$ を通るとき最小となり，このとき，$(*)$ より
$$y = 2 \cdot k + 2$$
$$= 2k+2.$$
以上のことから，y のとり得る値の範囲は，$2k+2 \leqq y \leqq 0$．

(イ) $1 < -k < 3$ のとき,すなわち,$-3 < k < -1$ のとき.

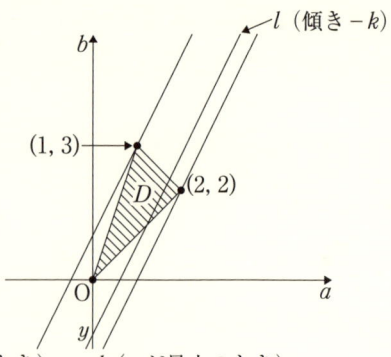

y は l が点 $(1, 3)$ を通るとき最大となり,このとき,(*) より
$$y = 1 \cdot k + 3$$
$$= k + 3.$$

y は l が点 $(2, 2)$ を通るとき最小となり,このとき,(*) より
$$y = 2 \cdot k + 2$$
$$= 2k + 2.$$

以上のことから,y のとり得る値の範囲は,$2k + 2 \leq y \leq k + 3$.

(ウ) $-1 \leq -k \leq 1$ のとき,すなわち,$-1 \leq k \leq 1$ のとき.

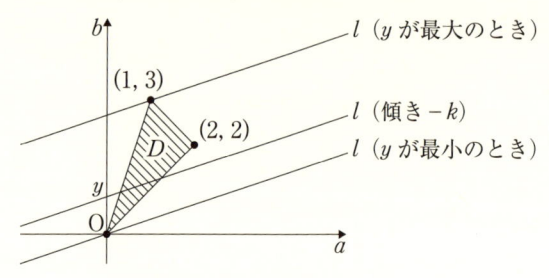

y は l が点 $(1, 3)$ を通るとき最大となり,このとき,(*) より
$$y = 1 \cdot k + 3$$
$$= k + 3.$$

y は l が点 $(0, 0)$ を通るとき最小となり,このとき,(*) より
$$y = 0 \cdot k + 0$$
$$= 0.$$

以上のことから,y のとり得る値の範囲は,$0 \leq y \leq k + 3$.

(エ) $-k < -1$ のとき，すなわち，$1 < k$ のとき．

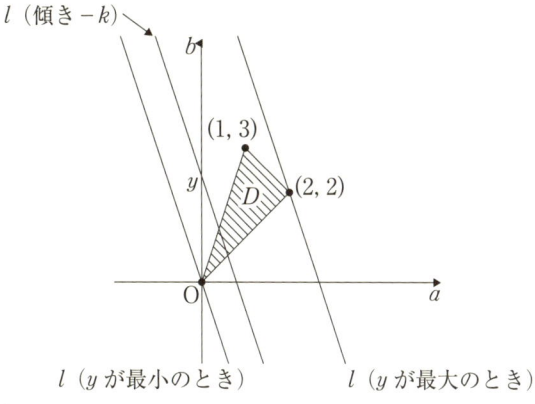

y は l が点 $(2, 2)$ を通るとき最大となり，このとき，(∗) より
$$y = 2 \cdot k + 2$$
$$= 2k + 2.$$

y は l が点 $(0, 0)$ を通るとき最小となり，このとき，(∗) より
$$y = 0 \cdot k + 0$$
$$= 0.$$

以上のことから，y のとり得る値の範囲は，$0 \leq y \leq 2k + 2$.

したがって，(ア)，(イ)，(ウ)，(エ) の場合において，直線 $x = k$ と直線 $y = ax + b$ が通過する領域の共通部分は下図の太線部分のようになる．

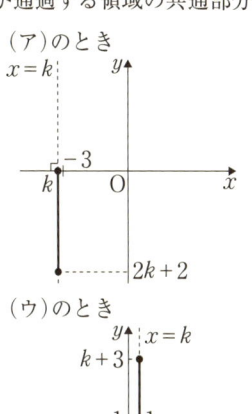

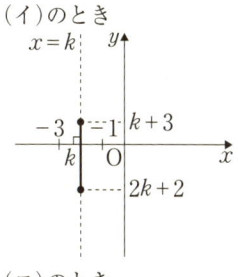

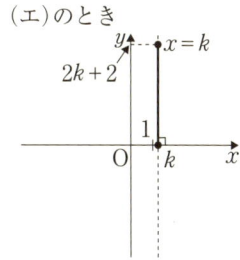

129

次に，k をすべての実数値をとるように変化させると，(ア)，(イ)，(ウ)，(エ) より，D は下図の縦線部分で，境界を含む．

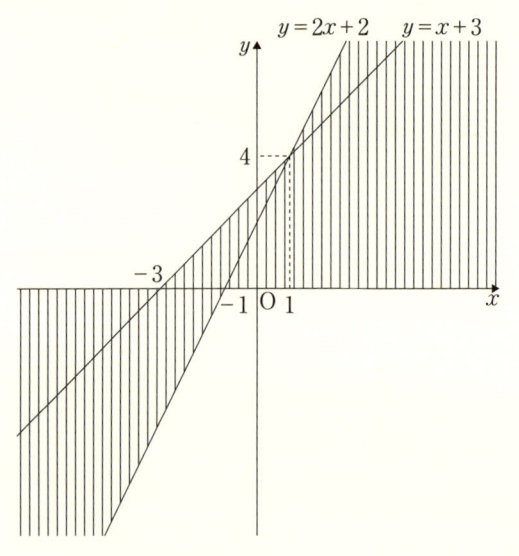

【別解おわり】

演習 15

xy 平面上において，点 $P(p-q, 2p^2-q^2)$ がある．2つの実数 p と q がともに0以上の値をとりながら変化するとき，点 P が存在する領域を図示せよ．

ポイント

ともに0以上である2つの実数 p と q の値を定めると，点 P が定まるので，**点 P が存在する領域は**，「$X=p-q$ …①，$Y=2p^2-q^2$ …②，$p\geqq 0$ …③，$q\geqq 0$ …④をすべて満たす実数 p，q が存在するような点 (X, Y) の集合」である．

したがって，

①，②，③，④をすべて満たす実数 p，q が存在する

ための条件を求めることで，点 P が存在する領域が求められる．

なお，「①，②，③，④をすべて満たす実数 p，q が存在する」とは，p と q についての連立方程式

$$\begin{cases} X = p - q & \cdots ① \\ Y = 2p^2 - q^2 & \cdots ② \end{cases}$$

が「$p\geqq 0$ …③ かつ $q\geqq 0$ …④」を満たす解をもつことである．したがって，▶解答◀では，この連立方程式を解くときと同じように，①，②から p についての2次方程式を導くというアプローチをしていることも確認しておこう．

▶解答◀

2つの実数 p と q はともに0以上の値をとりながら変化するから，xy 平面上の点 (X, Y) が点 $P(p-q, 2p^2-q^2)$ が存在する領域に属するための条件は，

$X = p - q$ …①，
$Y = 2p^2 - q^2$ …②，
$p \geqq 0$ …③，
$q \geqq 0$ …④

をすべて満たす実数 p，q が存在することである．

①より，

$$q = p - X \quad \cdots ①'$$

131

であり，これを②に代入すると，
$$Y = 2p^2 - (p-X)^2$$
すなわち，
$$p^2 + 2Xp - X^2 - Y = 0 \quad \cdots (*).$$
さらに，①′を④に代入すると，
$$p - X \geq 0$$
すなわち，
$$p \geq X \quad \cdots ④'.$$

(*), ③, ④′をすべて満たす実数 p が存在すれば，その p の値と①′により，①, ②, ③, ④をすべて満たす実数 p, q が定まるので，①, ②, ③, ④をすべて満たす実数 p, q が存在するための条件は，

(*), ③, ④′をすべて満たす実数 p が存在する

こと，すなわち，

『p についての2次方程式(*)が「③かつ④′」の範囲に解をもつ　$\cdots(*)'$』

ことである．

$f(p) = p^2 + 2Xp - X^2 - Y$ とおくと，$f(p) = (p+X)^2 - 2X^2 - Y$ であるから，pz 平面における放物線 $z = f(p)$ の頂点の p 座標は $-X$ である．

さらに，「③かつ④′」を満たす p の値の範囲は，
$$X \leq 0 \text{ のとき，} p \geq 0,$$
$$X > 0 \text{ のとき，} p \geq X$$
である．

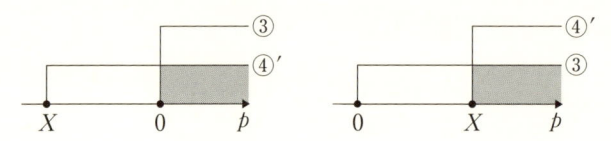

これより，次の(i), (ii)の場合に分けて，(*)′が成り立つための条件を求めることにする．

(i) $X \leq 0$ のとき．

(*)′が成り立つための条件は，

p についての2次方程式(*)が $p \geq 0$ の範囲に解をもつ

こと，すなわち，放物線 $z = f(p)$ と p 軸の $p \geq 0$ の部分が共有点をもつ

ことである．また，$X \leqq 0$ より $0 \leqq -X$ であるから，放物線 $z=f(p)$ の頂点の p 座標は 0 以上である．

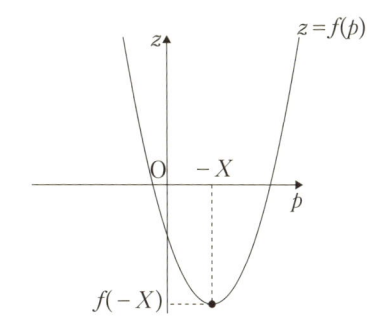

したがって，（＊）′が成り立つための条件は，
$$f(-X) \leqq 0$$
となることである．

$f(-X) = -2X^2 - Y$ であるから，（＊）′が成り立つための条件，すなわち，$f(-X) \leqq 0$ となるための条件は，X，Y が
$$-2X^2 - Y \leqq 0$$
すなわち，
$$Y \geqq -2X^2$$
を満たすことである．

（ⅱ） $X > 0$ のとき．

（＊）′が成り立つための条件は，

　　p についての 2 次方程式（＊）が $p \geqq X$ の範囲に解をもつ

こと，すなわち，放物線 $z=f(p)$ と p 軸の $p \geqq X$ の部分が共有点をもつことである．また，$X > 0$ より $-X < X$ であるから，放物線 $z=f(p)$ の頂点の p 座標は X より小さい．

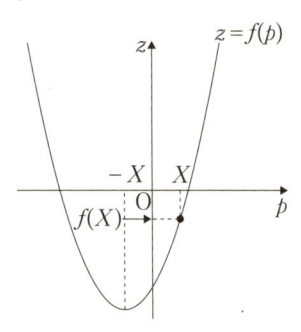

したがって，(＊)′が成り立つための条件は，
$$f(X) \leqq 0$$
となることである.

$f(X)=2X^2-Y$ であるから，(＊)′が成り立つための条件，すなわち，$f(X) \leqq 0$ となるための条件は，X，Y が
$$2X^2-Y \leqq 0$$
すなわち，
$$Y \geqq 2X^2$$
を満たすことである.

(ⅰ)，(ⅱ)より，
$$X \leqq 0 \text{ ならば，} Y \geqq -2X^2$$
を満たし，
$$X > 0 \text{ ならば，} Y \geqq 2X^2$$
を満たす xy 平面上の点 (X, Y) の集合が点 P が存在する領域である.

したがって，点 P が存在する領域は下図の斜線部分で，境界を含む.

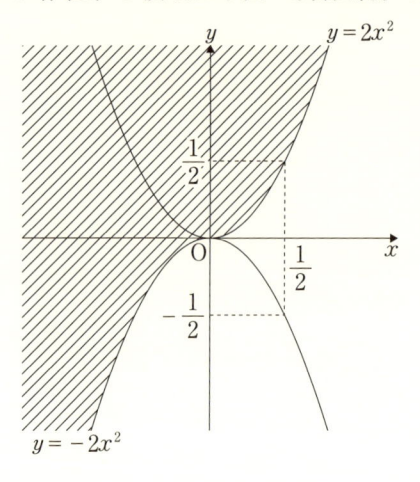

(**参考**)　次のように，①，② から q についての 2 次方程式を導くことにより，点 P が存在する領域を求めることもできる.

【別解】

2 つの実数 p と q はともに 0 以上の値をとりながら変化するから，xy 平面上の点

(X, Y) が点 $P(p-q, 2p^2-q^2)$ が存在する領域に属するための条件は,

$$X = p - q \quad \cdots ①,$$
$$Y = 2p^2 - q^2 \quad \cdots ②,$$
$$p \geq 0 \quad \cdots ③,$$
$$q \geq 0 \quad \cdots ④$$

をすべて満たす実数 p, q が存在することである.

①より,
$$p = q + X \quad \cdots ①''$$

であり, これを②に代入すると,
$$Y = 2(q+X)^2 - q^2$$

すなわち,
$$q^2 + 4Xq + 2X^2 - Y = 0 \quad \cdots (※).$$

さらに, ①''を③に代入すると,
$$q + X \geq 0$$

すなわち,
$$q \geq -X \quad \cdots ③'.$$

(※), ③', ④をすべて満たす実数 q が存在すれば, その q の値と①''により, ①, ②, ③, ④をすべて満たす実数 p, q が定まるので, ①, ②, ③, ④をすべて満たす実数 p, q が存在するための条件は,

(※), ③', ④をすべて満たす実数 q が存在する

こと, すなわち,

『q についての2次方程式(※)が「③'かつ④」の範囲に解をもつ …(※)'』

ことである.

$g(q) = q^2 + 4Xq + 2X^2 - Y$ とおくと, $g(q) = (q+2X)^2 - 2X^2 - Y$ であるから, qz 平面における放物線 $z = g(q)$ の頂点の q 座標は $-2X$ である.

さらに,「③'かつ④」を満たす q の値の範囲は,

$-X \leq 0$ のとき, すなわち, $X \geq 0$ のとき, $q \geq 0$,

$-X > 0$ のとき, すなわち, $X < 0$ のとき, $q \geq -X$

である.

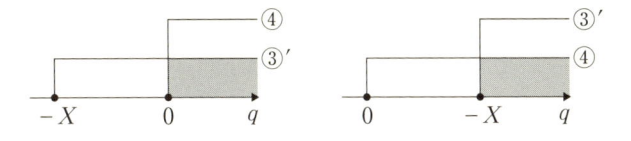

これより，次の(ア)，(イ)の場合に分けて，(※)′が成り立つための条件を求めることにする．

(ア) $X \geqq 0$ のとき．

(※)′ が成り立つための条件は，

q についての2次方程式(※)が $q \geqq 0$ の範囲に解をもつ

こと，すなわち，放物線 $z = g(q)$ と q 軸の $q \geqq 0$ の部分が共有点をもつことである．また，$X \geqq 0$ より $-2X \leqq 0$ であるから，放物線 $z = g(q)$ の頂点の q 座標は 0 以下である．

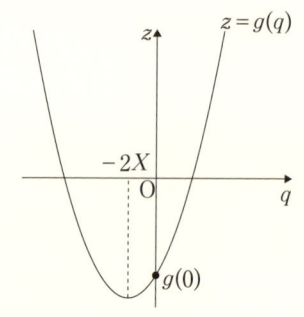

したがって，(※)′ が成り立つための条件は，

$$g(0) \leqq 0$$

となることである．

$g(0) = 2X^2 - Y$ であるから，(※)′ が成り立つための条件，すなわち，$g(0) \leqq 0$ となるための条件は，X, Y が

$$2X^2 - Y \leqq 0$$

すなわち，

$$Y \geqq 2X^2$$

を満たすことである．

(イ) $X < 0$ のとき．

(※)′ が成り立つための条件は，

q についての2次方程式(※)が $q \geqq -X$ の範囲に解をもつ

こと，すなわち，放物線 $z = g(q)$ と q 軸の $q \geqq -X$ の部分が共有点をもつことである．また，$X < 0$ より $-X < -2X$ であるから，放物線 $z = g(q)$ の頂点の q 座標は $-X$ より大きい．

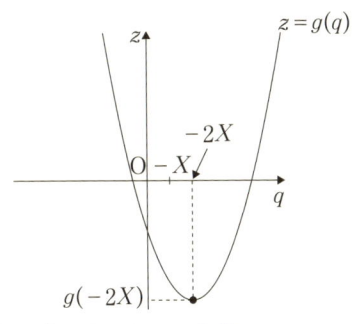

したがって，(※)′ が成り立つための条件は，
$$g(-2X) \leqq 0$$
となることである．

$g(-2X) = -2X^2 - Y$ であるから，(※)′ が成り立つための条件，すなわち，$g(-2X) \leqq 0$ となるための条件は，X, Y が
$$-2X^2 - Y \leqq 0$$
すなわち，
$$Y \geqq -2X^2$$
を満たすことである．

(ア)，(イ) より，
$$X \geqq 0 \text{ ならば，} Y \geqq 2X^2$$
を満たし，
$$X < 0 \text{ ならば，} Y \geqq -2X^2$$
を満たす xy 平面上の点 (X, Y) の集合が点 P が存在する領域である．

したがって，点 P が存在する領域は下図の斜線部分で，境界を含む．

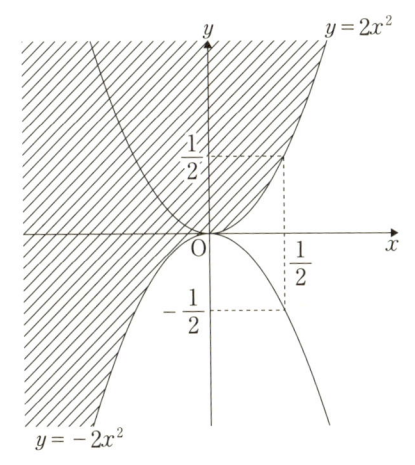

【別解おわり】

演習 16

(1) xy 平面上において，点 $P(p+q, pq)$ がある．

（ⅰ） p と q がともにすべての実数値をとりながら変化するとき，点 P が存在する領域を図示せよ．

（ⅱ） 2つの実数 p と q が $p^2+pq+q^2 \leq 3$ を満たしながら変化するとき，点 P が存在する領域を図示せよ．

(2) 2つの実数 p と q が $p^2+pq+q^2 \leq 3$ を満たしながら変化するとき，$2p+pq+2q$ の最大値と最小値を求めよ．

ポイント

(1)の（ⅰ）では，2つの実数 p と q の値を定めると，点 P が定まるので，**点 P が存在する領域は，「$X=p+q$ …①，$Y=pq$ …②をともに満たす実数 p, q が存在するような点 (X, Y) の集合」**である．①，②をともに満たす p, q は，t についての2次方程式 $t^2-Xt+Y=0$ …(*) の2解であるから，▶解答◀では，t についての2次方程式(*)が実数解をもつための条件を求めることで，点 P が存在する領域を求めている．

(1)の（ⅱ）では，$p^2+pq+q^2 \leq 3$ を満たす2つの実数 p と q の値を定めると，点 P が定まるので，**点 P が存在する領域は，「①，②，および，$p^2+pq+q^2 \leq 3$ …③をすべて満たす実数 p, q が存在するような点 (X, Y) の集合」**である．

(2)では，2つの実数 p と q が満たす $p^2+pq+q^2 \leq 3$ という式と，最大値と最小値を求める $2p+pq+2q$ という式が，ともに $p+q$ と pq で表すことができる式であることに着目すると，(1)の（ⅱ）の領域を利用して $2p+pq+2q$ の最小値を求めることができる．

▶解答◀

(1)

（ⅰ） p, q はともにすべての実数値をとりながら変化するから，xy 平面上の点 (X, Y) が点 $P(p+q, pq)$ が存在する領域に属するための条件は，

$$X=p+q \quad \cdots ①,$$

$$Y = pq \quad \cdots ②$$

をともに満たす実数 p, q が存在することである.

ここで，①，②をともに満たす p, q は，t についての2次方程式

$$t^2 - Xt + Y = 0 \quad \cdots (*)$$

の2解であるから，①，②をともに満たす実数 p, q が存在するための条件は，

t についての2次方程式 $(*)$ が実数解をもつ

こと，すなわち，$(*)$ の判別式を D_1 とすると，

$$D_1 \geqq 0$$

となることである．

$$\begin{aligned} D_1 &= X^2 - 4 \cdot 1 \cdot Y \\ &= X^2 - 4Y \end{aligned}$$

であるから，$D_1 \geqq 0$ より，

$$X^2 - 4Y \geqq 0$$

すなわち，

$$Y \leqq \frac{1}{4}X^2.$$

以上のことから，$Y \leqq \frac{1}{4}X^2$ を満たす xy 平面上の点 (X, Y) の集合が，点Pが存在する領域である．

したがって，点Pが存在する領域は下図の斜線部分で，境界を含む．

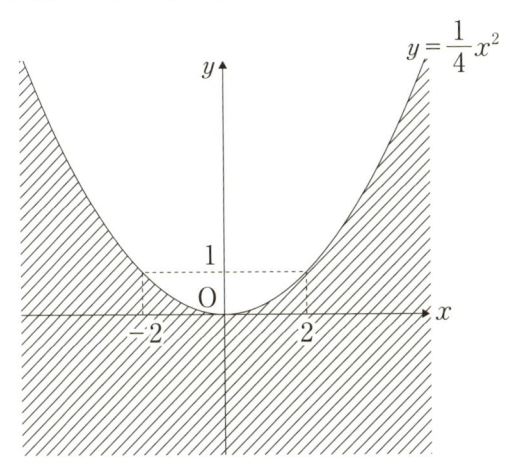

（ⅱ） 実数 p, q が $p^2+pq+q^2 \leq 3$ を満たしながら変化するから，xy 平面上の点 (X, Y) が点 $\mathrm{P}(p+q, pq)$ が存在する領域に属するための条件は，
$$X=p+q \quad \cdots ①, \quad Y=pq \quad \cdots ②, \quad p^2+pq+q^2 \leq 3 \quad \cdots ③$$
をすべて満たす実数 p, q が存在することである．

ここで，①，②をともに満たす実数 p, q が存在するための条件は，(1)の(ⅰ)より，X, Y が
$$Y \leq \frac{1}{4}X^2 \quad \cdots ④$$
を満たすことである．

さらに，①，②をともに満たす p, q に対して，
$$p^2+pq+q^2 = (p+q)^2 - pq$$
$$= X^2 - Y$$
であるから，①，②をともに満たす p, q のうち，③を満たすものが存在するための条件は，X, Y が
$$X^2 - Y \leq 3$$
すなわち，
$$Y \geq X^2 - 3 \quad \cdots ⑤$$
を満たすことである．

以上のことから，④，⑤をともに満たす xy 平面上の点 (X, Y) の集合が，点 P が存在する領域である．

したがって，点 P が存在する領域は下図の斜線部分で，境界を含む．

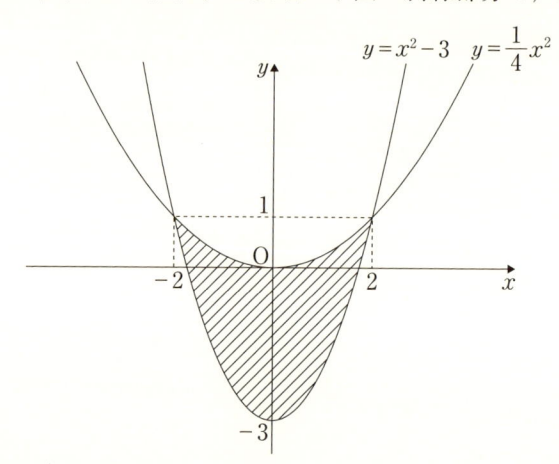

(2) (1)の(ⅱ)で求めた領域を D とする.

$x = p+q$, $y = pq$ とおくと,
$$2p + pq + 2q = 2(p+q) + pq$$
$$= 2x + y$$
であり，さらに，実数 p, q は $p^2 + pq + q^2 \leqq 3$ を満たしながら変化するので，(1)の(ⅱ)より，点 (x, y) は D を動く．

したがって，求めるものは，点 (x, y) が D を動くときの $2x + y$ の最大値と最小値である．

$2x + y = k$ …⑥ とおく．

⑥より，$y = -2x + k$ であるから，xy 平面において，⑥は
傾きが -2, y 切片が k である直線
を表す．

よって，xy 平面において，⑥が表す直線を l とすると，求めるものは，l が D と共有点をもつような k の最大値と最小値である．

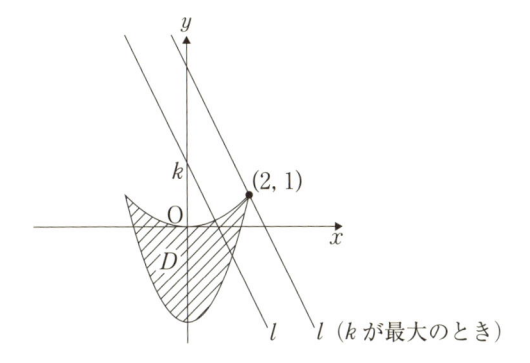

上図より，k は l が点 $(2, 1)$ を通るとき最大となり，このとき，⑥より
$$k = 2 \cdot 2 + 1 = 5.$$
以上のことから，k の

最大値は 5.

ここで，x についての2次方程式
$$x^2 - 3 = -2x + k$$
すなわち，
$$x^2 + 2x - k - 3 = 0 \quad \cdots (**)$$

の実数解が放物線 $y=x^2-3$ と l の共有点の x 座標であることから，放物線 $y=x^2-3$ と l が接するための条件は，（＊＊）が重解をもつこと，すなわち，（＊＊）の判別式を D_2 とすると，$D_2=0$ となることである．

$$\frac{D_2}{4}=1^2-1\cdot(-k-3)$$
$$=k+4$$

であるから，$D_2=0$ とすると，

$$\frac{D_2}{4}=0$$

すなわち，

$$k+4=0.$$

これより，l と放物線 $y=x^2-3$ が接するような k の値は，

$$k=-4 \quad \cdots ⑦$$

であり，⑦のとき，（＊＊）は

$$x^2+2x+1=0$$

となるから，これを解くと，

$$x=-1.$$

よって，放物線 $y=x^2-3$ と l が接するとき，接点の x 座標は -1 である．

したがって，放物線 $y=x^2-3$ と l が接するとき，接点は D に属する．

以上のことと下図より，k は放物線 $y=x^2-3$ と l が接するとき，最小となり，このとき，⑦より

$$k=-4.$$

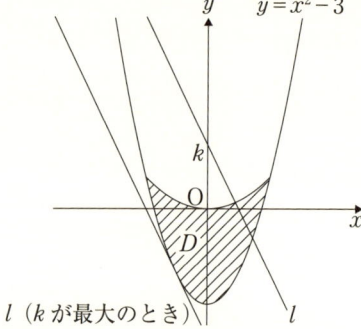

以上のことから，k の

最小値は -4.

(参考) (1)の(i)の ▶解答◀ において,

①, ②をともに満たす p, q は, t についての 2 次方程式（*）の 2 解であることを用いて, $Y \leqq \dfrac{1}{4}X^2$ を導いたが, 次のようにして $Y \leqq \dfrac{1}{4}X^2$ を導くこともできる.

【(1)の(i)の $Y \leqq \dfrac{1}{4}X^2$ を導く別解】

p, q はともにすべての実数値をとりながら変化するから, xy 平面上の点 (X, Y) が点 $\mathrm{P}(p+q, pq)$ が存在する領域に属するための条件は,

$$X = p + q \quad \cdots ①,$$
$$Y = pq \quad \cdots ②$$

をともに満たす実数 p, q が存在することである.

① より,

$$q = X - p \quad \cdots ①'$$

であり, これを②に代入すると,

$$Y = p(X - p)$$

すなわち,

$$p^2 - Xp + Y = 0 \quad \cdots (*)'.$$

$(*)'$ を満たす実数 p が存在すれば, その p の値と①' により, ①, ②をともに満たす実数 p, q が定まるので, ①, ②をともに満たす実数 p, q が存在するための条件は,

p についての 2 次方程式 $(*)'$ が実数解をもつ

こと, すなわち, $(*)'$ の判別式を D_3 とすると,

$$D_3 \geqq 0$$

となることである.

$$D_3 = X^2 - 4 \cdot 1 \cdot Y$$
$$= X^2 - 4Y$$

であるから, $D_3 \geqq 0$ より,

$$X^2 - 4Y \geqq 0$$

すなわち,

$$Y \leqq \dfrac{1}{4}X^2.$$

【(1)の(i)の $Y \leqq \dfrac{1}{4}X^2$ を導く別解おわり】

演習 17

2つの実数 x と y が $x^2+2y^2-xy-x+3y-1=0$ を満たしながら変化するとき，x のとり得る値の範囲を求めよ．

ポイント

実数 y の値を定めると，$x^2+2y^2-xy-x+3y-1=0$ を満たす x の値が定まるので，x のとり得る値の範囲は，「$k^2+2y^2-ky-k+3y-1=0$ を満たす実数 y が存在するような実数 k の集合」である．

したがって，

$k^2+2y^2-ky-k+3y-1=0$ を満たす実数 y が存在する

ための条件を求めることで，x のとり得る値の範囲が求められる．

解答

2つの実数 x と y は $x^2+2y^2-xy-x+3y-1=0$ を満たしながら変化するから，実数 k が x のとり得る値の範囲に属するための条件は，

$$k^2+2y^2-ky-k+3y-1=0 \quad \cdots ①$$ を満たす実数 y が存在する

ことである．

①を y について整理すると，$2y^2-(k-3)y+k^2-k-1=0 \quad \cdots ②$ であるから，①を満たす実数 y が存在するための条件は，

y についての2次方程式②が実数解をもつ

こと，すなわち，②の判別式を D とすると，

$$D \geq 0$$

となることである．

$$D=\{-(k-3)\}^2-4\cdot 2\cdot(k^2-k-1)$$
$$=-7k^2+2k+17$$

であるから，$D \geq 0$ より，

$$-7k^2+2k+17 \geq 0$$

すなわち，

$$\frac{1-2\sqrt{30}}{7} \leq k \leq \frac{1+2\sqrt{30}}{7} \quad \cdots ③.$$

以上のことから，③を満たす実数 k の集合が，x のとり得る値の範囲である．
よって，x のとり得る値の範囲は，
$$\frac{1-2\sqrt{30}}{7} \leqq x \leqq \frac{1+2\sqrt{30}}{7}.$$

演習 18

a がすべての実数値をとりながら変化するとき，x についての方程式
$$x^4+2x^3-2(a-1)x^2-2ax+a^2-1=0 \quad \cdots (*)$$
の実数解になり得る値の範囲を求めよ．

ポイント

実数 a の値を定めると，$(*)$ の解が定まるので，$(*)$ の実数解になり得る値の範囲は，「$k^4+2k^3-2(a-1)k^2-2ak+a^2-1=0$ を満たす実数 a が存在するような実数 k の集合」である．

したがって，
$$k^4+2k^3-2(a-1)k^2-2ak+a^2-1=0$$
を満たす実数 a が存在するための条件を求めることで，$(*)$ の実数解になり得る値の範囲が求められる．

解答

a はすべての実数値をとりながら変化するから，実数 k が x についての方程式 $(*)$ の実数解になり得る値の範囲に属するための条件は，
$$k^4+2k^3-2(a-1)k^2-2ak+a^2-1=0 \quad \cdots ①$$
を満たす実数 a が存在することである．

① を a について整理すると，$a^2-2k(k+1)a+k^4+2k^3+2k^2-1=0 \quad \cdots ②$ であるから，① を満たす実数 a が存在するための条件は，

a についての 2 次方程式 ② が実数解をもつ

こと，すなわち，② の判別式を D とすると，
$$D \geq 0$$
となることである．
$$\frac{D}{4}=\{-k(k+1)\}^2-1\cdot(k^4+2k^3+2k^2-1)$$
$$=-(k+1)(k-1)$$
であるから，$D \geq 0$ より，
$$\frac{D}{4} \geq 0$$
すなわち，

$$-(k+1)(k-1) \geqq 0.$$

これより,
$$-1 \leqq k \leqq 1 \quad \cdots ③.$$

以上のことから，③を満たす実数 k の集合が，x についての方程式 (*) の実数解になり得る値の範囲である．

よって，x についての方程式 (*) の実数解になり得る値の範囲は，

-1 以上 1 以下.

演習 19

a, b を実数とする.

(1) a, b が $a^2 - 2b^2 = 1$ を満たしながら変化するとき,$a-b$ のとり得る値の範囲を求めよ.

(2) a, b が
$$a^2 - 2b^2 = 1 \quad かつ \quad a \geq -2$$
を満たしながら変化するとき,$a-b$ のとり得る値の範囲を求めよ.

ポイント

(1)では,$a^2 - 2b^2 = 1$ を満たす2つの実数 a と b の値を定めると,$a-b$ の値が定まるので,$a-b$ のとり得る値の範囲は,「$a-b=k$, $a^2 - 2b^2 = 1$ をともに満たす実数 a, b が存在するような実数 k の集合」である.

したがって,

$a-b=k$, $a^2 - 2b^2 = 1$ をともに満たす実数 a, b が存在するための条件を求めることで,$a-b$ のとり得る値の範囲が求められる.

(2)では,「$a^2 - 2b^2 = 1$ かつ $a \geq -2$」を満たす2つの実数 a と b の値を定めると,$a-b$ の値が定まるので,$a-b$ のとり得る値の範囲は,「$a-b=k$, $a^2 - 2b^2 = 1$, $a \geq -2$ をすべて満たす実数 a, b が存在するような実数 k の集合」である.

したがって,

$a-b=k$, $a^2 - 2b^2 = 1$, $a \geq -2$ をすべて満たす実数 a, b が存在するための条件を求めることで,$a-b$ のとり得る値の範囲が求められる.

解答

(1) 2つの実数 a と b は $a^2 - 2b^2 = 1$ を満たしながら変化するから,実数 k が $a-b$ のとり得る値の範囲に属するための条件は,
$$a - b = k \quad \cdots ①,$$
$$a^2 - 2b^2 = 1 \quad \cdots ②$$
をともに満たす実数 a, b が存在することである.

①より,

$$b = a - k \quad \cdots ①'$$

であり，これを②に代入すると，

$$a^2 - 2(a-k)^2 = 1$$

すなわち，

$$a^2 - 4ka + 2k^2 + 1 = 0 \quad \cdots (*).$$

　(*) を満たす実数 a が存在すれば，その a の値と①'により，①，②をともに満たす実数 a, b が定まるので，①，②をともに満たす実数 a, b が存在するための条件は，

$$a についての2次方程式(*)が実数解をもつ$$

こと，すなわち，a についての2次方程式(*)の判別式を D とすると，

$$D \geq 0$$

となることである．

$$\begin{aligned}\frac{D}{4} &= (-2k)^2 - 1 \cdot (2k^2 + 1) \\ &= 2k^2 - 1\end{aligned}$$

であるから，$D \geq 0$ より，

$$\frac{D}{4} \geq 0$$

すなわち，

$$2k^2 - 1 \geq 0.$$

これより，

$$k \leq -\frac{\sqrt{2}}{2}, \quad \frac{\sqrt{2}}{2} \leq k.$$

以上のことから，「$k \leq -\dfrac{\sqrt{2}}{2}$ または $\dfrac{\sqrt{2}}{2} \leq k$」を満たす実数 k の集合が，$a - b$ のとり得る値の範囲である．

よって，$a - b$ のとり得る値の範囲は，

$$a - b \leq -\frac{\sqrt{2}}{2}, \quad \frac{\sqrt{2}}{2} \leq a - b.$$

(2) 2つの実数 a と b は「$a^2 - 2b^2 = 1$ かつ $a \geq -2$」を満たしながら変化するから，実数 k が $a - b$ のとり得る値の範囲に属するための条件は，

$$a - b = k \quad \cdots ①,$$
$$a^2 - 2b^2 = 1 \quad \cdots ②,$$

$$a \geqq -2 \quad \cdots ③$$

をすべて満たす実数 a, b が存在することである．

①より，

$$b = a - k \quad \cdots ①'$$

であり，これを②に代入すると，

$$a^2 - 2(a-k)^2 = 1$$

すなわち，

$$a^2 - 4ka + 2k^2 + 1 = 0 \quad \cdots (*)．$$

（*）と③をともに満たす実数 a が存在すれば，その a の値と①'により，①，②，③をすべて満たす実数 a, b が定まるので，①，②，③をすべて満たす実数 a, b が存在するための条件は，

（*），③をともに満たす実数 a が存在する

こと，すなわち，

「a についての2次方程式（*）が③の範囲に解をもつ　$\cdots (*)'$」

ことである．

$f(a) = a^2 - 4ka + 2k^2 + 1$ とおくと，$f(a) = (a-2k)^2 - 2k^2 + 1$ であるから，ay 平面における放物線 $y = f(a)$ の頂点の a 座標は $2k$ である．これより，次の（ⅰ），（ⅱ）の場合に分けて，（*）′が成り立つための条件を求めることにする．

（ⅰ）$2k \leqq -2$ のとき，すなわち，$k \leqq -1$ のとき．

（*）′が成り立つための条件は，放物線 $y = f(a)$ と a 軸の $a \geqq -2$ の部分が下図のように共有点をもつことである．

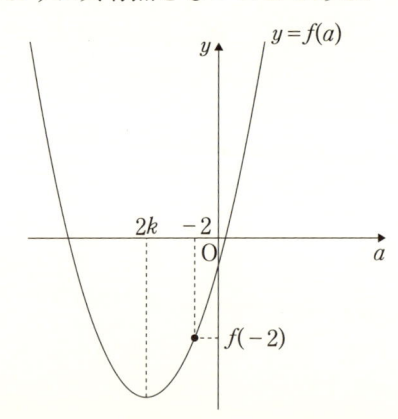

よって，（∗）′が成り立つための条件は，
$$f(-2) \leq 0$$
となることである．

$f(-2) = 2k^2 + 8k + 5$ であるから，$f(-2) \leq 0$ とすると，
$$2k^2 + 8k + 5 \leq 0$$
すなわち，
$$\frac{-4-\sqrt{6}}{2} \leq k \leq \frac{-4+\sqrt{6}}{2}.$$
このことと $k \leq -1$ より，（∗）′が成り立つための条件は，k が
$$\frac{-4-\sqrt{6}}{2} \leq k \leq -1$$
を満たすことである．

（ⅱ） $-2 < 2k$，すなわち，$k > -1$ のとき．

（∗）′が成り立つための条件は，放物線 $y = f(a)$ と a 軸の $a \geq -2$ の部分が下図のように共有点をもつことである．

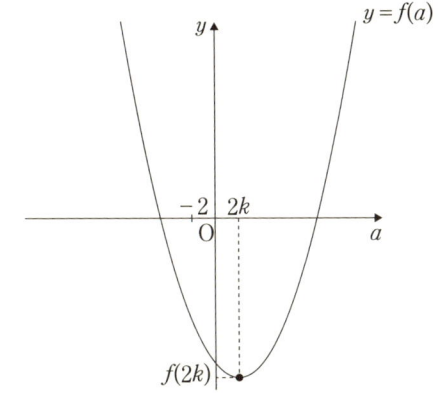

よって，（∗）′が成り立つための条件は，
$$f(2k) \leq 0$$
となることである．

$f(2k) = -2k^2 + 1$ であるから，$f(2k) \leq 0$ とすると，
$$-2k^2 + 1 \leq 0$$
すなわち，
$$k \leq -\frac{\sqrt{2}}{2}, \quad \frac{\sqrt{2}}{2} \leq k.$$

このことと $k > -1$ より，$(*)'$ が成り立つための条件は，k が
$$-1 < k \leq -\frac{\sqrt{2}}{2} \quad \text{または} \quad \frac{\sqrt{2}}{2} \leq k$$
を満たすことである．

(i)，(ii) より，
$$\frac{-4-\sqrt{6}}{2} \leq k \leq -1 \quad \text{または} \quad -1 < k \leq -\frac{\sqrt{2}}{2} \quad \text{または} \quad \frac{\sqrt{2}}{2} \leq k$$
すなわち，
$$\frac{-4-\sqrt{6}}{2} \leq k \leq -\frac{\sqrt{2}}{2} \quad \text{または} \quad \frac{\sqrt{2}}{2} \leq k$$
を満たす実数 k の集合が，$a-b$ のとり得る値の範囲である．

よって，$a-b$ のとり得る値の範囲は，
$$\frac{-4-\sqrt{6}}{2} \leq a-b \leq -\frac{\sqrt{2}}{2}, \quad \frac{\sqrt{2}}{2} \leq a-b.$$

(参考) 次のように，①，② から b についての2次方程式を導くことにより，$a-b$ のとり得る値の範囲を求めることもできる．

【別解】

(1) 2つの実数 a と b は $a^2 - 2b^2 = 1$ を満たしながら変化するから，実数 k が $a-b$ のとり得る値の範囲に属するための条件は，
$$a - b = k \quad \cdots ①,$$
$$a^2 - 2b^2 = 1 \quad \cdots ②$$
をともに満たす実数 a, b が存在することである．

① より，
$$a = b + k \quad \cdots ①''$$
であり，これを② に代入すると，
$$(b+k)^2 - 2b^2 = 1$$
すなわち，
$$b^2 - 2kb - k^2 + 1 = 0 \quad \cdots (※).$$

(※) を満たす実数 b が存在すれば，その b の値と ①'' により，①，② をともに満たす実数 a, b が定まるので，①，② をともに満たす実数 a, b が存在するための条件は，

b についての2次方程式 (※) が実数解をもつ

こと，すなわち，b についての2次方程式 (※) の判別式を D_0 とすると，

となることである．
$$\frac{D_0}{4} = (-k)^2 - 1 \cdot (-k^2+1)$$
$$= 2k^2 - 1$$
であるから，$D_0 \geqq 0$ より，
$$\frac{D_0}{4} \geqq 0$$
すなわち，
$$2k^2 - 1 \geqq 0.$$
これより，
$$k \leqq -\frac{\sqrt{2}}{2}, \quad \frac{\sqrt{2}}{2} \leqq k.$$
以上のことから，「$k \leqq -\dfrac{\sqrt{2}}{2}$ または $\dfrac{\sqrt{2}}{2} \leqq k$」を満たす実数 k の集合が，$a-b$ のとり得る値の範囲である．

よって，$a-b$ のとり得る値の範囲は，
$$a-b \leqq -\frac{\sqrt{2}}{2}, \quad \frac{\sqrt{2}}{2} \leqq a-b.$$

(2) 2つの実数 a と b は「$a^2 - 2b^2 = 1$ かつ $a \geqq -2$」を満たしながら変化するから，実数 k が $a-b$ のとり得る値の範囲に属するための条件は，
$$a - b = k \quad \cdots ①,$$
$$a^2 - 2b^2 = 1 \quad \cdots ②,$$
$$a \geqq -2 \quad \cdots ③$$
をすべて満たす実数 a, b が存在することである．

①より，
$$a = b + k \quad \cdots ①''$$
であり，これを②に代入すると，
$$(b+k)^2 - 2b^2 = 1$$
すなわち，
$$b^2 - 2kb - k^2 + 1 = 0 \quad \cdots (※).$$
さらに，①″を③に代入すると，
$$b + k \geqq -2$$
すなわち，
$$b \geqq -k - 2 \quad \cdots ③'.$$
(※)と③′をともに満たす実数 b が存在すれば，その b の値と①″により，①,

153

②,③をすべて満たす実数 a, b が定まるので,①,②,③をすべて満たす実数 a, b が存在するための条件は,

　　　　　　(※),③′をともに満たす実数 b が存在する

こと,すなわち,

　　　　「b についての2次方程式(※)が③′の範囲に解をもつ　…(※)′」

ことである.

$g(b) = b^2 - 2kb - k^2 + 1$ とおくと,$g(b) = (b-k)^2 - 2k^2 + 1$ であるから,by 平面における放物線 $y = g(b)$ の頂点の b 座標は k である.これより,次の(ア),(イ)の場合に分けて,(※)′が成り立つための条件を求めることにする.

(ア) $k \leq -k-2$ のとき,すなわち,$k \leq -1$ のとき.

(※)′が成り立つための条件は,放物線 $y = g(b)$ と b 軸の $b \geq -k-2$ の部分が下図のように共有点をもつことである.

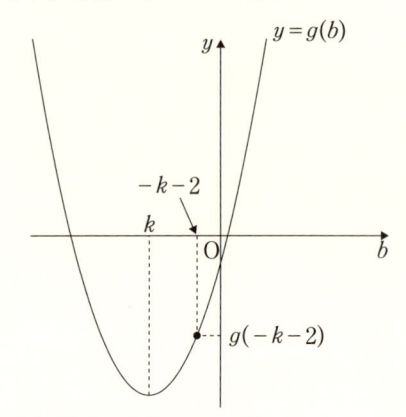

よって,(※)′が成り立つための条件は,
$$g(-k-2) \leq 0$$
となることである.

$g(-k-2) = 2k^2 + 8k + 5$ であるから,$g(-k-2) \leq 0$ とすると,
$$2k^2 + 8k + 5 \leq 0$$

すなわち,
$$\frac{-4-\sqrt{6}}{2} \leq k \leq \frac{-4+\sqrt{6}}{2}.$$

このことと $k \leq -1$ より,(※)′が成り立つための条件は,k が
$$\frac{-4-\sqrt{6}}{2} \leq k \leq -1$$

を満たすことである.

（イ） $-k-2 < k$, すなわち, $k > -1$ のとき.

（※）′ が成り立つための条件は，放物線 $y = g(b)$ と b 軸の $b \geq -k-2$ の部分が下図のように共有点をもつことである.

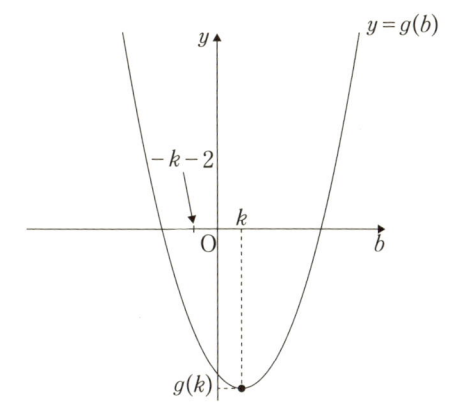

[図: 放物線 $y = g(b)$ のグラフ。b 軸上に $-k-2$ と k が示され，$g(k)$ の点が下側にある]

よって，（※）′ が成り立つための条件は，
$$g(k) \leq 0$$
となることである.

$g(k) = -2k^2 + 1$ であるから，$g(k) \leq 0$ とすると，
$$-2k^2 + 1 \leq 0$$
すなわち，
$$k \leq -\frac{\sqrt{2}}{2}, \quad \frac{\sqrt{2}}{2} \leq k.$$
このことと $k > -1$ より，（※）′ が成り立つための条件は，k が
$$-1 < k \leq -\frac{\sqrt{2}}{2} \quad \text{または} \quad \frac{\sqrt{2}}{2} \leq k$$
を満たすことである.

（ア），（イ）より，
$$\frac{-4-\sqrt{6}}{2} \leq k \leq -1 \quad \text{または} \quad -1 < k \leq -\frac{\sqrt{2}}{2} \quad \text{または} \quad \frac{\sqrt{2}}{2} \leq k$$
すなわち，
$$\frac{-4-\sqrt{6}}{2} \leq k \leq -\frac{\sqrt{2}}{2} \quad \text{または} \quad \frac{\sqrt{2}}{2} \leq k$$
を満たす実数 k の集合が，$a - b$ のとり得る値の範囲である.

よって，$a - b$ のとり得る値の範囲は，
$$\frac{-4-\sqrt{6}}{2} \leq a - b \leq -\frac{\sqrt{2}}{2}, \quad \frac{\sqrt{2}}{2} \leq a - b.$$

【別解おわり】

演習 20

3つの実数 x, y, z は次の2つの等式をともに満たしながら変化する.
$$\begin{cases} x - 2y^2 + z = 0 & \cdots ①, \\ y^4 + y^2 - xz = 4 & \cdots ②. \end{cases}$$
このとき, y のとり得る値の範囲を求めよ.

ポイント

実数 x, z の値を定めると, ①, ② をともに満たす y の値が定まるので, **y のとり得る値の範囲は,「①, ② をともに満たす実数 x, z が存在するような実数 k の集合」である**.

したがって,
$x - 2k^2 + z = 0$, $k^4 + k^2 - xz = 4$ をともに満たす実数 x, z が存在するための条件を求めることで, y のとり得る値の範囲が求められる.

解答

3つの実数 x, y, z は ①, ② をともに満たしながら変化するから, 実数 k が y のとり得る値の範囲に属するための条件は,
$$x - 2k^2 + z = 0 \quad \cdots ①',$$
$$k^4 + k^2 - xz = 4 \quad \cdots ②'$$
をともに満たす実数 x, z が存在することである.

ここで, ①', ②' より,
$$x + z = 2k^2$$
$$xz = k^4 + k^2 - 4$$
であるから, ①', ②' をともに満たす x, z は, t についての2次方程式
$$t^2 - 2k^2 t + k^4 + k^2 - 4 = 0 \quad \cdots (*)$$
の2解である. よって, ①', ②' をともに満たす実数 x, z が存在するための条件は,

t についての2次方程式 $(*)$ が実数解をもつ

こと, すなわち, $(*)$ の判別式を D とすると,
$$D \geq 0$$

となることである．
$$\frac{D}{4} = (-k^2)^2 - 1 \cdot (k^4 + k^2 - 4)$$
$$= -(k+2)(k-2)$$

であるから，$D \geqq 0$ より，
$$\frac{D}{4} \geqq 0$$

すなわち，
$$-(k+2)(k-2) \geqq 0.$$

これより，
$$-2 \leqq k \leqq 2.$$

以上のことから，$-2 \leqq k \leqq 2$ を満たす実数 k の集合が，y のとり得る値の範囲である．

よって，y のとり得る値の範囲は，
$$-2 \leqq y \leqq 2.$$

（参考） ▶解答◀ において，

①，②をともに満たす x，z は，t についての2次方程式（*）の2解であることを用いて，y のとり得る値の範囲を求めたが，次のようにして y のとり得る値の範囲を求めることもできる．

【別解】

3つの実数 x，y，z は①，②をともに満たしながら変化するから，実数 k が y のとり得る値の範囲に属するための条件は，
$$x - 2k^2 + z = 0 \quad \cdots ①'$$
$$k^4 + k^2 - xz = 4 \quad \cdots ②'$$
をともに満たす実数 x，z が存在することである．

①' より，
$$z = 2k^2 - x \quad \cdots ①''$$
であり，これを②' に代入すると，
$$k^4 + k^2 - x(2k^2 - x) = 4$$
すなわち，
$$x^2 - 2k^2 x + k^4 + k^2 - 4 = 0 \quad \cdots (*)'.$$

（*）' を満たす実数 x が存在すれば，その x の値と①'' により，①'，②' をとも

に満たす実数 x, z が定まるので，①′，②′をともに満たす実数 x, z が存在するための条件は，

$$x についての 2 次方程式 (*)' が実数解をもつ$$

こと，すなわち，(*)′ の判別式を D_0 とすると，

$$D_0 \geqq 0$$

となることである．

$$\frac{D_0}{4} = (-k^2)^2 - 1 \cdot (k^4 + k^2 - 4)$$
$$= -(k+2)(k-2)$$

であるから，$D_0 \geqq 0$ より，

$$\frac{D_0}{4} \geqq 0$$

すなわち，

$$-(k+2)(k-2) \geqq 0.$$

これより，

$$-2 \leqq k \leqq 2.$$

以上のことから，$-2 \leqq k \leqq 2$ を満たす実数 k の集合が，y のとり得る値の範囲である．

よって，y のとり得る値の範囲は，

$$-2 \leqq y \leqq 2.$$

【別解おわり】

著者プロフィール

秦野 透（はたの とおる）

河合塾数学科講師．専攻は代数的整数論．
高校数学の初学者から大学受験生まで幅広く指導する傍ら，模擬試験や教材の作成，および保護者への講演など，多方面から大学受験に携わる．
著書に，『数Ⅲ定理・公式ポケットリファレンス』『数Ⅲ攻略精選問題集40』『漸化式の解法 頻出パターン徹底網羅30』（以上，技術評論社）がある．

軌跡と領域の攻略
頻出パターン徹底網羅 30

2015年10月25日　初版　第1刷発行

著　者　秦野　透
発行者　片岡　巖
発行所　株式会社技術評論社
　　　　東京都新宿区市谷左内町21-13
　　　　電話　03-3513-6150　販売促進部
　　　　　　　03-3267-2270　書籍編集部
印刷／製本　昭和情報プロセス株式会社

定価はカバーに表示してあります。

本書の一部または全部を著作権法の定める範囲を超え、無断で複写、複製、転載、テープ化、ファイルに落とすことを禁じます。
©2015　秦野　透

造本には細心の注意を払っておりますが、万一、乱丁（ページの乱れ）や落丁（ページの抜け）がございましたら、小社販売促進部までお送りください。送料小社負担にてお取り替えいたします。

●装丁　下野ツヨシ（ツヨシ＊グラフィックス）
●本文デザイン、DTP　株式会社 RUHIA

ISBN978-4-7741-7637-6　C7041
Printed in Japan